카페의 공간학

세계의 디자인 엿보기

Site specific cafe design

카토 마사키 (加藤匡毅) 저
황 준 옮김

시공문화사

※ 본문의 내용은 2019년 8월 현재의 정보입니다.

시작하며

이 책이 출판되는 2019년 가을은 지금까지 볼 수 없었던 버라이어티한 카페가 이 세상에 존재하고 있겠지요? '스타벅스' 처럼 어느 곳이든 같은 모습을 한 체인점도 플래그 숍에서는 전혀 다른 공간을 만들어냅니다. 제가 살고 있는 거리 주변만 보아도 개성 넘치는 카페가 계속해서 생기고 있습니다.

현대인들은 스마트폰이나 컴퓨터의 혜택으로 어디서나 접속할 수 있는 가상 세계에서 자유롭게 대화를 할 수 있는 탓인지, 이전보다 더욱더 사실적인 장소에서 시간을 보내기를 원합니다. 어디서나 똑같은 모습인 앱의 인터페이스나 웹사이트의 디자인과는 다른, 그 장소마다 뿌리내린 개성 가득한 카페가 그런 공간입니다.

그렇다면 개성 가득한 카페란 어떻게 만들 수 있을까요? 카페에는 맛있는 커피, 사람, 사람과 사람 사이에 오가는 따뜻함 등, 다양한 요인이 함께 존재하지만, 이 책에서는 특히 '공간' 이라는 건축적인 측면에서 고찰해보고 싶다 라는 생각을 하곤 합니다.

지금까지 저는 각각의 장소에 어울리는 '개성' 만들기를 목표로 15개국을 넘는 나라와 지역에서 카페를 설계했었습니다.

외지인으로 방문해서 그 장소의 장점을 찾아내고, 중심을 만들고, 갈고닦아 사람들 앞에 '개성' 있는 공간을 선보였습니다.

......라고 말하면 듣기에는 좋지만, 건축에는 정해진 방정식이 있을 리 없기 때문에, 프로젝트마다 발버둥 치며 계속해서 해답을 찾는 끝이 없는 여행이기도 했었습니다.

2018년 봄이 다가올 무렵, 그런 여행의 발자취를 돌아볼 기회를 가질 수 있었습니다. 그 결과물이 바로 이 책입니다.

이 책은 제가 일, 또는 개인적으로 방문해서 인상에 남았던 카페를 중심으로 국내외 총 39군데를 카메라, 스케일 자, 종이, 펜을 가지고 여러 차례 방문해서 취재하고, 정리한 결과물입니다. (이 책에 소록된 카페중 두 곳은 현재 존재하지 않습니다. 또한 세 곳은 제가 설계자로 관여했습니다). 손님으로서 아무렇지 않게 방문했을 때 느끼는 편안하고 기분 좋은 느낌, 기억에 남는 체험은 도대체 어디에서 오는 것일까요? 소유주나 설계자의 인터뷰에서 깨달은 사실에 저의 해석을 더 해서 각각의 카페가 어떤 의도로 '개성' 을 구축했는지에 대해서 해독해보았습니다.

이 책은, 설계 일을 시작하기 전부터 줄곳 취미였던 '스케치' 와 '사진' 을 중심으로만들어졌기 때문에 설계자는 물론, 건축 전문가가 아니어도 읽기 쉬운 내용이라고 생각합니다.

제가 설계할 때 항상 염두에 두고 있는 아래 세 가지를 카테고리로 나누어서 소개합니다.

1부 장소와의 관계
2부 사람과의 관계
3부 시간과의 관계

1부에서는 카페의 디자인이 장소 그 자체나 주변 환경에서 어떤 영향을 받고, 또 어떤 영향을 주는지, 2부에서는 카페를 이용하는 사람과 디자인 본연의 모습에 대해서, 그리고 3부에서는 카페에 흐르는 다양한 시간이 드러나는 방법에 대해 생각해보았습니다.

앞에서부터 순서대로 읽어나가도 좋고, 좋아하는 페이지부터 읽어도 좋다고 생각합니다.

이 책을 통해서 카페 공간설계가 사람이 하는 일이나 거리의 개성을 만드는 중요한 행위라는 사실을 다시금 깨닫고 있1습니다.

카토 마사키

CONTENTS

2부 / 사람과의 관계

090

1. 사람이 만드는 파사드

2. 사람을 환대하는 거리

3. 생업의 곱셈

3부 / 시간과의 관계

150

1. 오래된 건물을 살리다

2. 프로세스 디자인

이 책에 게재된 사례 (일본)

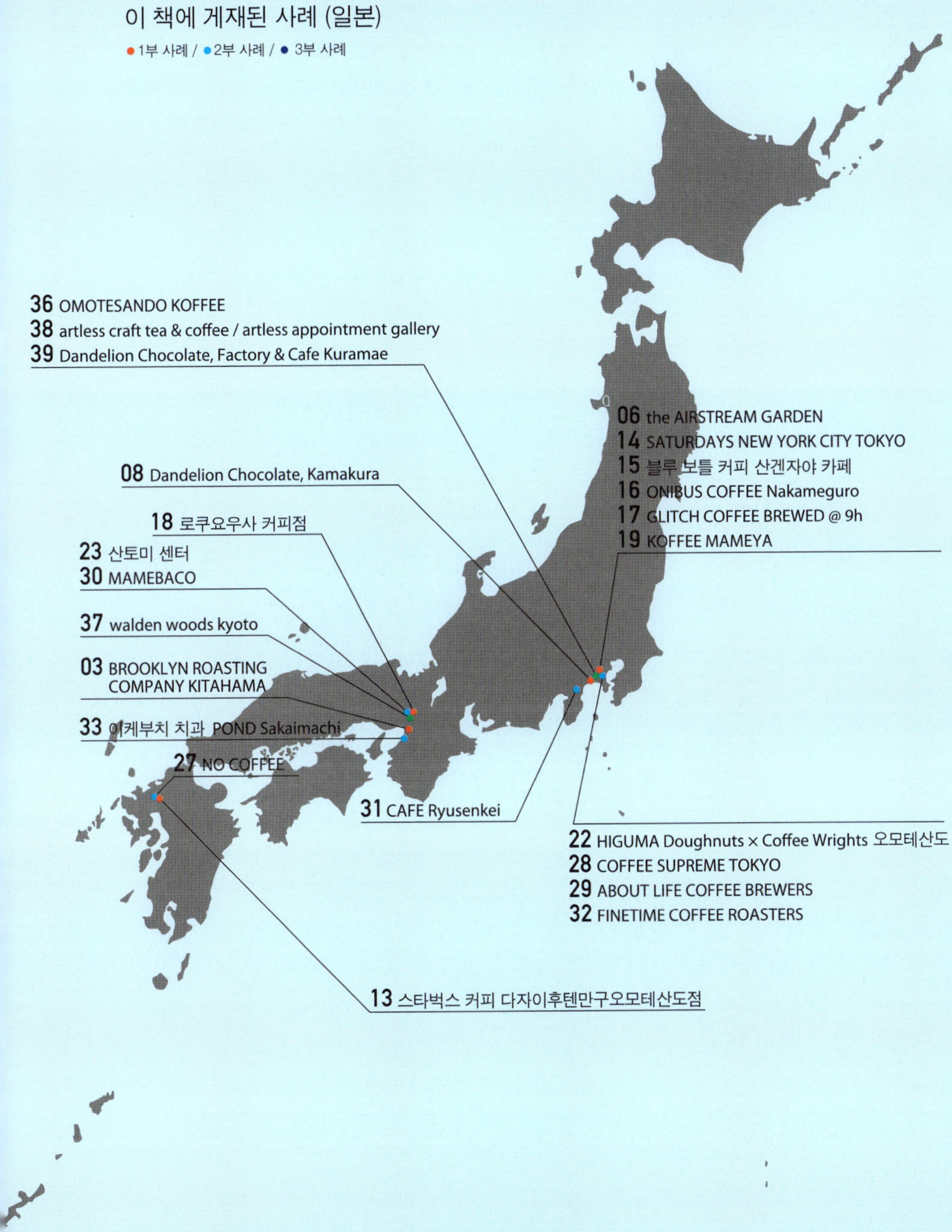

● 1부 사례 / ● 2부 사례 / ● 3부 사례
36 OMOTESANDO KOFFEE
38 artless craft tea & coffee / artless appointment gallery
39 Dandelion Chocolate, Factory & Cafe Kuramae
06 the AIRSTREAM GARDEN
14 SATURDAYS NEW YORK CITY TOKYO
15 블루 보틀 커피 산겐자야 카페
16 ONIBUS COFFEE Nakameguro
17 GLITCH COFFEE BREWED @ 9h
19 KOFFEE MAMEYA
08 Dandelion Chocolate, Kamakura
18 로쿠요우사 커피점
23 산토미 센터
30 MAMEBACO
37 walden woods kyoto
03 BROOKLYN ROASTING COMPANY KITAHAMA
33 이케부치 치과 POND Sakaimachi
27 NO COFFEE
31 CAFE Ryusenkei
22 HIGUMA Doughnuts × Coffee Wrights 오모테산도
28 COFFEE SUPREME TOKYO
29 ABOUT LIFE COFFEE BREWERS
32 FINETIME COFFEE ROASTERS
13 스타벅스 커피 다자이후텐만구오모테산도점

이 책에 게재된 사례 (해외)

05 HONOR
07 fluctuat nec mergitur
24 Bonanza Coffee Heroes
10 Seesaw Coffee - Bund Finance Center
21 KB CAFESHOP by KB COFFEE ROASTERS
04 Skye Coffee co.
20 Elephant Grounds Star Street
09 The Magazine Shop
02 CAFE POMEGRANATE
25 ACOFFEE
26 Patricia Coffee Brewers
01 Third Wave Kiosk
12 Slater St. Bench

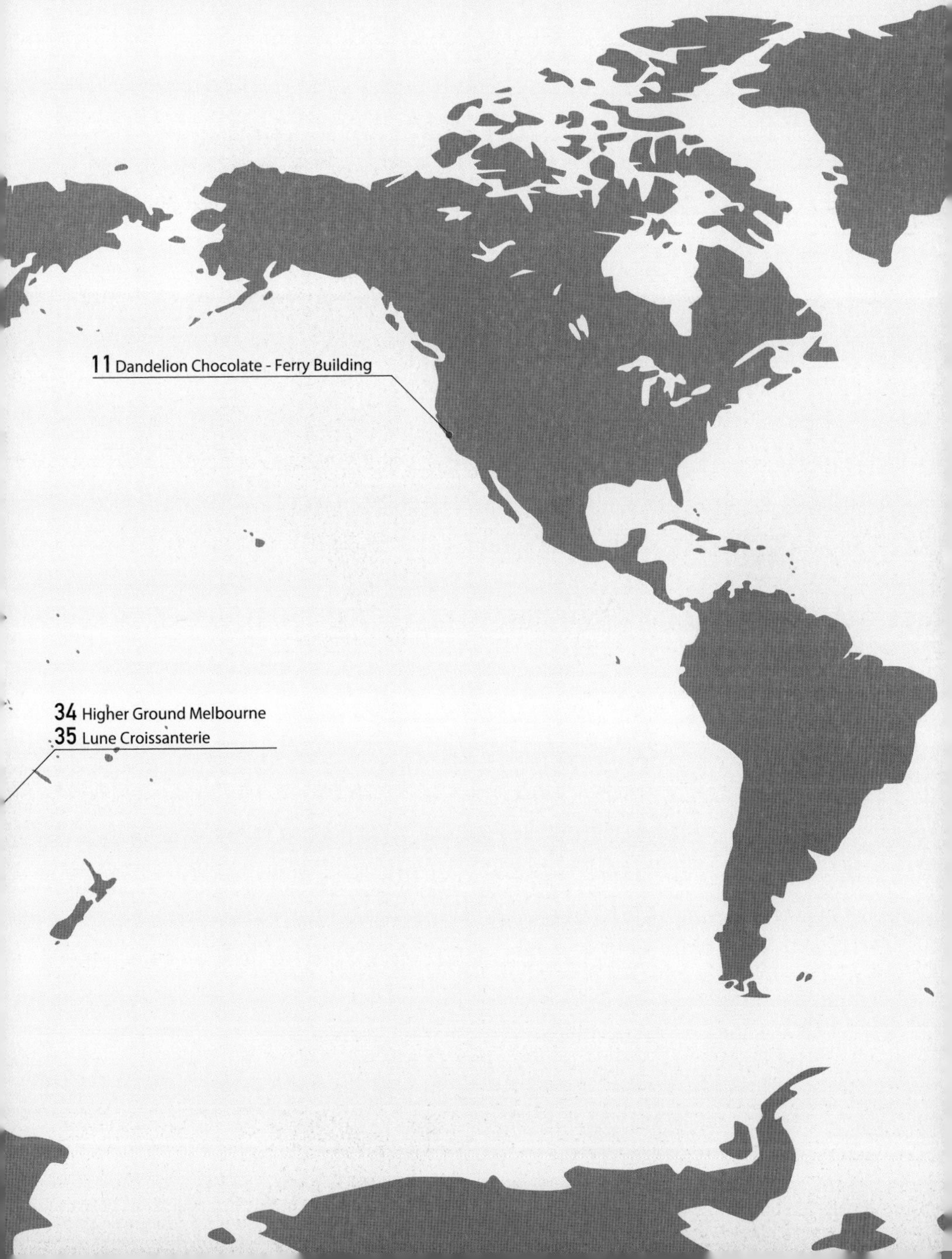

11 Dandelion Chocolate - Ferry Building
34 Higher Ground Melbourne
35 Lune Croissanterie

1부

Places

장소와의 관계

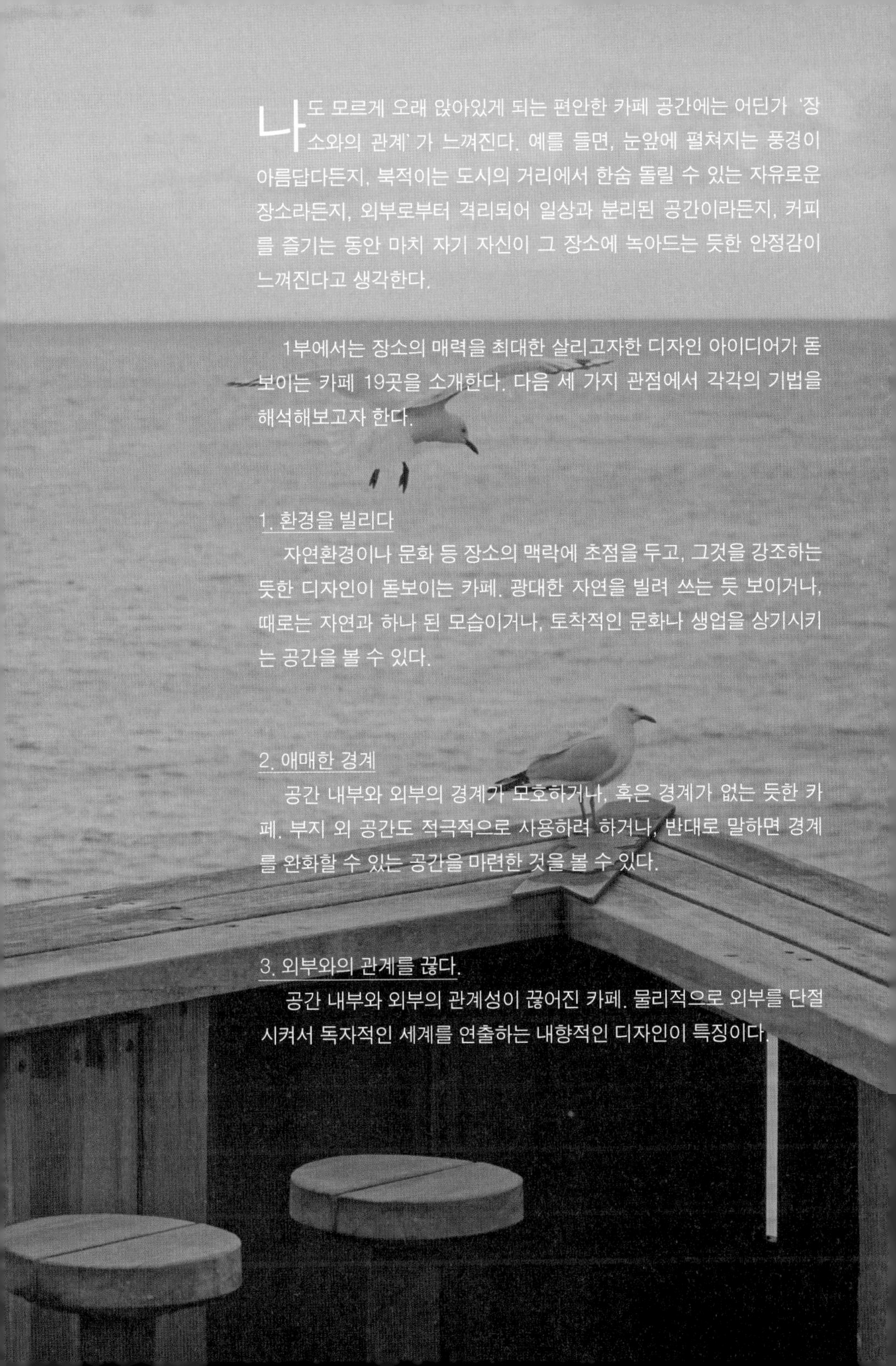

나도 모르게 오래 앉아있게 되는 편안한 카페 공간에는 어딘가 '장소와의 관계'가 느껴진다. 예를 들면, 눈앞에 펼쳐지는 풍경이 아름답다든지, 북적이는 도시의 거리에서 한숨 돌릴 수 있는 자유로운 장소라든지, 외부로부터 격리되어 일상과 분리된 공간이라든지, 커피를 즐기는 동안 마치 자기 자신이 그 장소에 녹아드는 듯한 안정감이 느껴진다고 생각한다.

1부에서는 장소의 매력을 최대한 살리고자한 디자인 아이디어가 돋보이는 카페 19곳을 소개한다. 다음 세 가지 관점에서 각각의 기법을 해석해보고자 한다.

1. 환경을 빌리다

자연환경이나 문화 등 장소의 맥락에 초점을 두고, 그것을 강조하는 듯한 디자인이 돋보이는 카페. 광대한 자연을 빌려 쓰는 듯 보이거나, 때로는 자연과 하나 된 모습이거나, 토착적인 문화나 생업을 상기시키는 공간을 볼 수 있다.

2. 애매한 경계

공간 내부와 외부의 경계가 모호하거나, 혹은 경계가 없는 듯한 카페. 부지 외 공간도 적극적으로 사용하려 하거나, 반대로 말하면 경계를 완화할 수 있는 공간을 마련한 것을 볼 수 있다.

3. 외부와의 관계를 끊다.

공간 내부와 외부의 관계성이 끊어진 카페. 물리적으로 외부를 단절시켜서 독자적인 세계를 연출하는 내향적인 디자인이 특징이다.

01 자연에 대한 존경, 환경 보호

Third Wave Kiosk (오스트레일리아 · 토키)
—Tony Hobba Pry Ltd

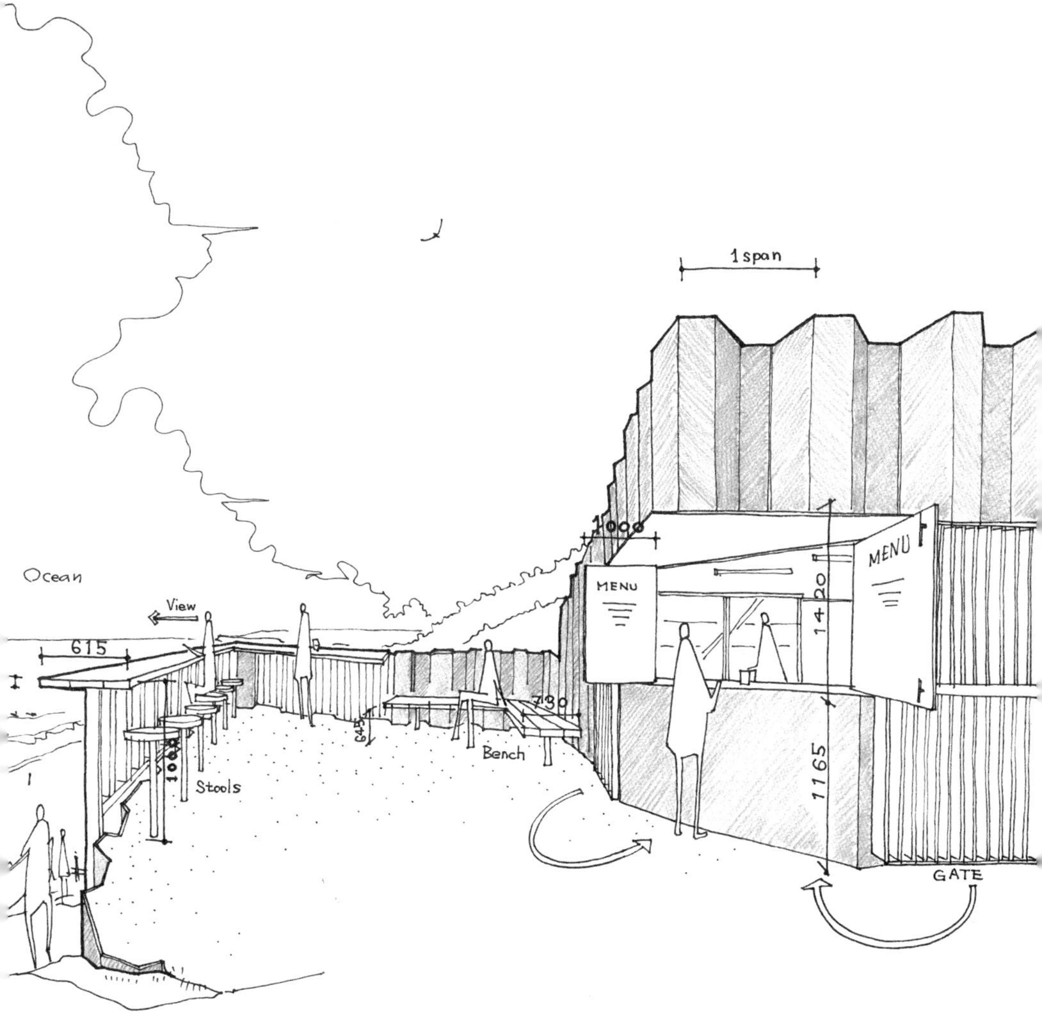

눈앞에 바다가 펼쳐진 나즈막한 언덕에 우람하게 세워진 커피숍이 있다. 외벽재로는 지하 흙막이로 사용되는 철판 말뚝(시트 파일)을 사용했으며, 철판의 표면은 바닷바람에 의해 자연스럽게 녹슨 모습이다. 건축형태는 모래사장에서 올려다본 가장자리, 즉 언덕의 능선과 일체가 될 수 있도록 설계되었다. 건축가가 설계할 때, 주변 환경과 공존하기 위해서 공간을 해석했음을 알 수 있다.

1

오스트레일리아, 토키의 서퍼들이 모이는 해변에서 조금 높은 위치에 세워졌다. 광대한 바다에 대비되는 천장 높이 2.6m의 커피 키오스크(테이크아웃 커피만 가능)라는 미니멀한 영업형태. 바다를 바라보면서 바리스타는 커피를 내리고, 손님은 커피를 즐기는 특별한 체험을 할 수 있다.

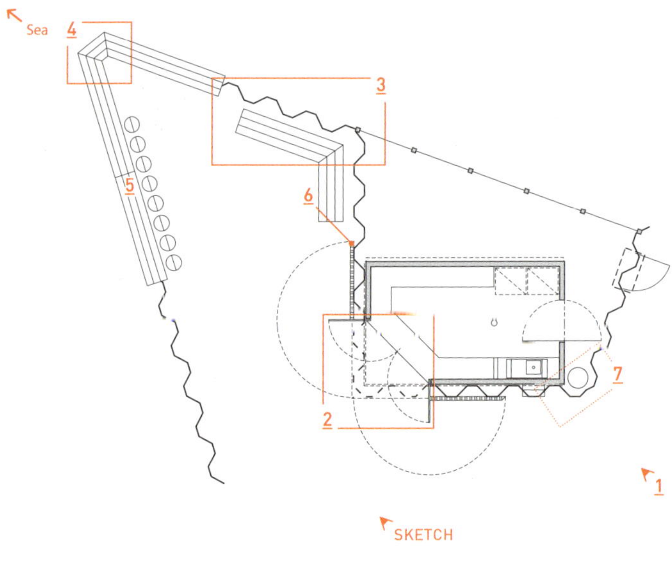

2 외벽 일부를 개폐식으로 만든 주문 카운터. 여닫을 수 있는 문 뒤쪽에서 메뉴가 나타난다.

3 건축을 구성하는 철판 시트 파일이 그대로 외관의 역할을 하는 동시에 본래의 방토 역할도 담당한다.

4 부지 가장자리에 튀어나온 철판 시트 파일을 이용해서 만든 바다를 바라볼 수 카운터 석.

5 카운터 석의 나무판은 3장의 데크재로 만들어졌다.

6 폐점 시 닫는 스틸과 나무가 합쳐진 문. 나무에 옮은 녹이 바닷바람의 세기를 말해준다.

7 높이가 다른 시트 파일이 만드는 리드미컬한 외벽 라인.

설계자는 서퍼가 웨트수트로 자신을 보호하는 것에서 아이디어를 얻어서, 지하 흙막이에 쓰이는 시트 파일을 '자연' 과 '카페' 의 가장자리를 만드는 소재로 선택했다. 카운터 테라스에서 외벽에 이르기까지 강철이라는 녹이 스는 소재를 활용함으로써 대자연에 대치하는 건축의 우람함과 부드러움이 느껴진다.

02 차경 그 이상

CAFE POMEGRANATE (인도네시아 · 발리)
—나카무라 겐타로(中村健太郎)

끝없이 펼쳐진 발리섬의 논에 우두커니 서 있는 끝이 뾰족한 모자 모양 지붕을 가진 오픈 카페. 흰색 테라조 바닥에서부터 이어지는 8개의 둥근 기둥이 커다란 지붕을 지탱하고 있다. 공간의 경계 없이 300° 오픈되어 있기 때문에 좌석 어느 곳에서나 논의 파노라마 뷰를 즐길 수 있다.

발리섬, 우붓의 중심가에서 좁은 도로와 논길을 20분 정도 걸어가면 나오는 논의 중심에 있다. 주위 환경과 어울리면서도 개성적인 조형으로, 시대를 넘나드는 전원과 건축의 아름다움을 보여준다. 1년에 3번 행해지는 쌀 수확을 앞둔 시기에는 벼가 카페의 바닥 높이까지 이른다.

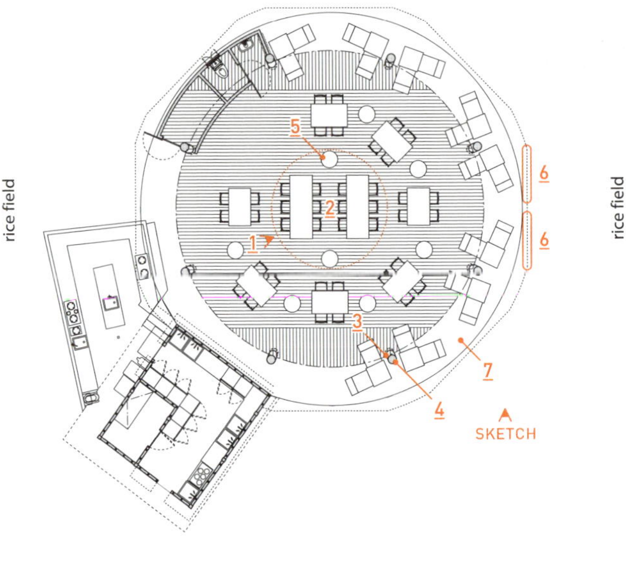

대략 12m의 기둥이 없는 공간을 만들어내는 끝이 뾰족한 모자의 커다란 지붕을 올려다본 모습.

콘크리트를 주입한 수도관으로 만들어진 기둥과 대들보가 커다란 지붕을 지탱하고 있다.

각 기둥마다 감아놓은 빗자루 모양의 상향 조명.

화분과 일체형으로 설계, 제작된 반투명유리 램프.

처마에 매달려있는 오리지널 발은 햇빛을 가리는 기능 외에도 갑자기 내리는 소나기에도 대응할 수 있다.

논의 가장자리까지 이어진 흰색 테라조 바닥.

오너이자 설계자는 이 논에 매료되어서 이곳에 카페를 만들기로 결심했다. 커다란 지붕을 시작으로 기둥, 바닥, 가구에 이르기까지 원이나 곡선으로 표현했고, 그 디테일에서 설계자의 강한 개성을 알 수 있다. 건축 도상국인 인도네시아, 발리섬의 한정된 장인, 소재, 공법을 잘 조합해서 혁신적이면서도 토지에 대한 경의를 표하는 카페이다.

사진제공 : 中村健太郎

03 오피스 가에 강을 만들다

BROOKLYN ROASTING COMPANY KITAHAMA (오사카부오사카시)
– DRAWERS

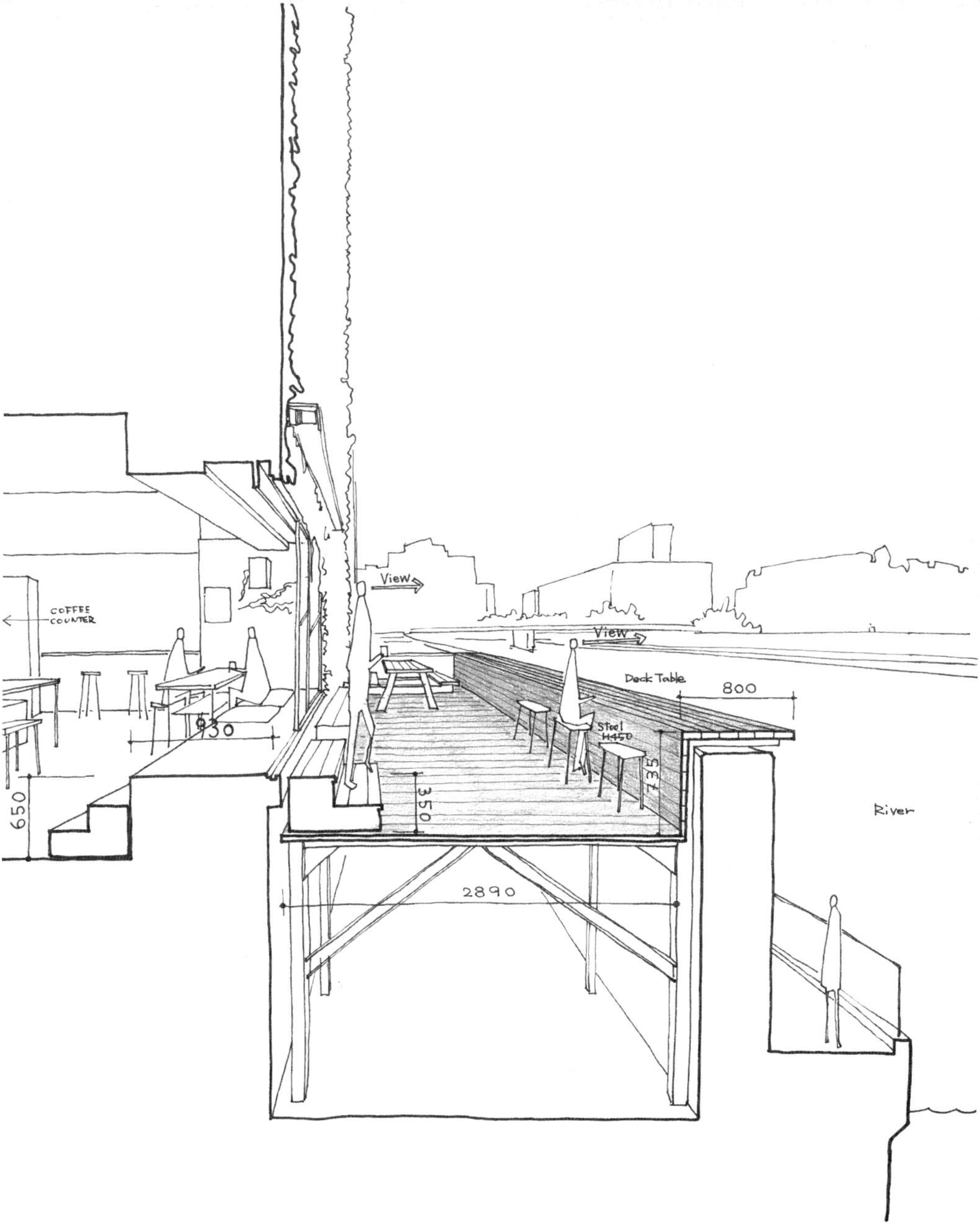

아름다운 풍경을 지닌 카페는 매우 많다. 이 카페는 오사카의 중심지에서 오사카 만으로 흘러나오는 폭넓고 잔잔한 강과, 건너편 강가의 푸르름 넘치는 나카노시마의 풍경을 차경하고 있다. 게다가 거리와 강 사이에 있는 건축의 특성을 살려서 기존의 건물 경계에서 한 발자국 더 튀어나온 테라스를 설치해서 조망을 즐길 수 있는 기분 좋은 카페 공간이다.

오사카 · 기타하마의 오피스 거리에 있는 카페. 큰 강에 인접해있고, 건너편 강가인 나카노시마에서 바라보면 줄지어 늘어선 주상복합 빌딩 속에 테라스와 벽면에 자란 담쟁이덩굴이 눈을 사로잡는다. 이 카페가 생긴 후로 가까운 빌딩에도 같은 모양의 테라스가 만들어져서 새롭게 강가를 따라 산책길이 만들어졌다.

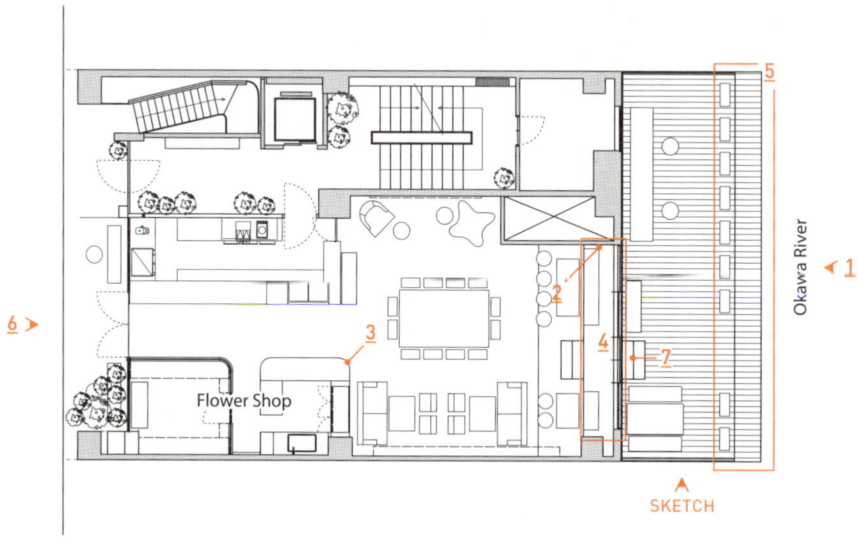

2 카페 안에 있는 담쟁이덩굴 작품에까지 들어선 실제 담쟁이덩굴. 모르타르 벽과 목제 스피커 컬러의 밸런스가 아름답다.

3 콘크리트 슬래브가 드러난 바닥과 라운딩 처리된 목재 카운터.

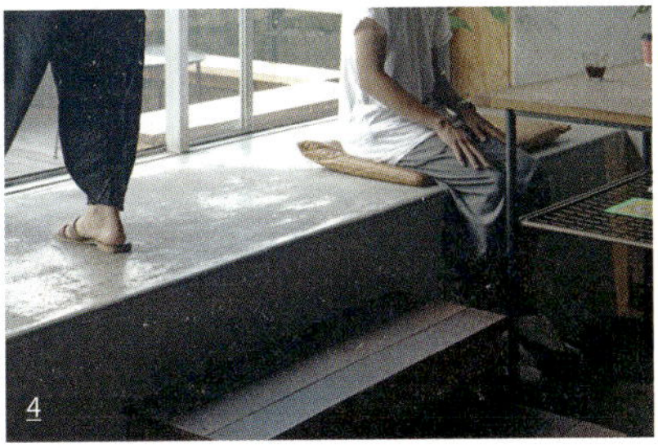

4 창 쪽의 기초가 테라스로 가는 디딤판이 되어서 테이블 석의 의자 기능도 한다.

5 테라스 쪽에 설치된 폭 800mm의 카운터 데크가 난간 역할도 한다.

6 플라워 숍을 병행하고 있어서 화사한 파사드가 큰길 쪽으로 만들어졌다.

7 테라스와 기존 건물 창의 높이차를 이어주는 계단.

이 가게의 설계를 시작했을 무렵, 큰길에서 강가까지 닿는 빌딩은 없었다고 한다. 당시 이 빌딩의 상층에서 사무소를 운영하고 있던 설계자는 강의 매력과 가치를 재빨리 알아차리고 건축할 때 테라스를 설치했다. 현재, 주변에는 테라스를 설치한 점포가 늘었고, 지역에서도 강가를 살린 동네 만들기에 적극적으로 참여했다. 이처럼 새로운 상가 거리의 매력을 끌어당기는 공간이 늘기를 기대해본다.

04 탈착 가능한 카페

Skye Coffee co. (스페인 · 바르셀로나)
—Skye Maunsell Studio

원래 창고였던 공간을 개조한 갤러리. 내부 어딘가 색다른 키친 카가 있는 카페가 있다. 내부가 탈착 가능한 가구로 구성되어 있으며, 갤러리 테이블과 조합하면 차체 없이도 카페로 운영할 수 있다. 카페라는 장소에 필요한 것이 무엇인지, 그 최소한의 기능을 보여준다.

바르셀로나의 중심지에서 자전거로 10분 정도 걸리는 거리에 있는 원래 공업지역이었던 창고 내에 있다. 창고를 건축가와 인테리어 디자이너인 오너 부부의 오피스로 개조했으며, 갤러리 'Espacio88' 의 기능도 하고 있다. 전면에 키친 카인 밴이 세워져 있고, 기본적으로 오픈되어 있으므로 누구나 들어갈 수 있다.

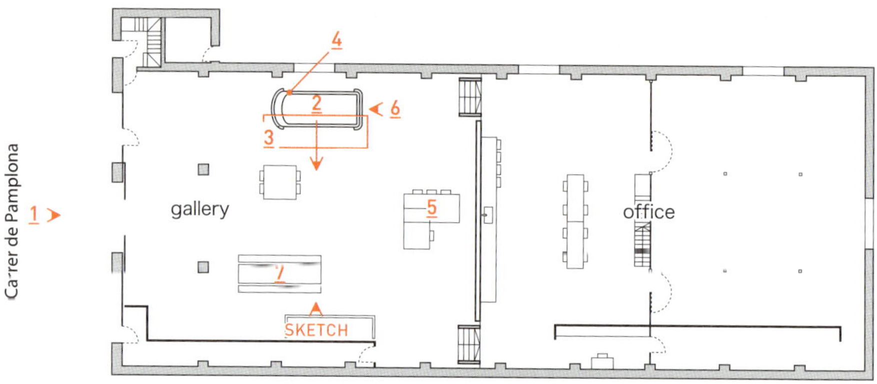

밴 내부에서 손님 좌석이 있는 갤러리를 바라본 모습.

철제로 된 밴에서 꺼내 놓을 수 있는 자작나무 합판 카운터와의 소재 대비가 돋보인다.

내부의 가구(싱크대 · 급배수 탱크 등)는 밴의 곡선에 맞게 특별 주문해서 시공했다.

갤러리의 내부. 중앙에 있는 테이블은 밴 속의 가구와 조합해서 커피 카운터로 사용할 수 있다.

밴의 뒷문에서 바라본 자작나무 합판과 에스프레소 머신.

단관 파이프와 거칠게 마무리한 목재를 조합한 테이블과 벤치.

키친 카로 사용된 차는 시트로엥(Citroen)의 상용 밴인 「Type H」(통칭 H 밴). 푸드트럭의 대명사 같은 차체를 수리해서 가구를 탈착할 수 있게 만든 점이 새롭게 느껴진다. 때로는 갤러리 내에서도 가구를 밴 옆에 꺼내서 카페 영업을 하는 때도 있다. 카페의 최소 기능을 가구로 구성하고, 그 겉에 이동 가능한 밴을 입혔다. 마치 사람과 옷의 관계와도 같다.

05 계단이 있는 중정

Honor (프랑스 · 파리)
— Studio Dessuant Bone (Paris) & HONOR

중정에 계단이 붙어있는 듯한 구조의 카페. 처음에 팝업 카페로 시작한 만큼 저렴하고 가벼운 소재를 조합했다. 투명한 지붕을 뚫고 햇볕이 내리쬐고, 펼칠 수 있는 캐노피나 흰색 인테리어가 깨끗하고 밝은 느낌을 준다. 중후한 건물에 둘러싸인 중정에 빛이 비치는 경쾌한 모습이 두드러진다.

파리 8구. 엄격한 분위기를 풍기는 영국대사관 맞은편에 세워진 중후한 낡은 석조 건물에 내걸린 'COMME des GARcON' 간판을 지나 어둡고 긴 복도를 빠져 나와서 중정에 들어가면, 활기찬 사람들의 소리와 함께 경쾌한 카페가 나타난다. 이 좁고 긴 통로가 이 카페의 매력이기도 하다.

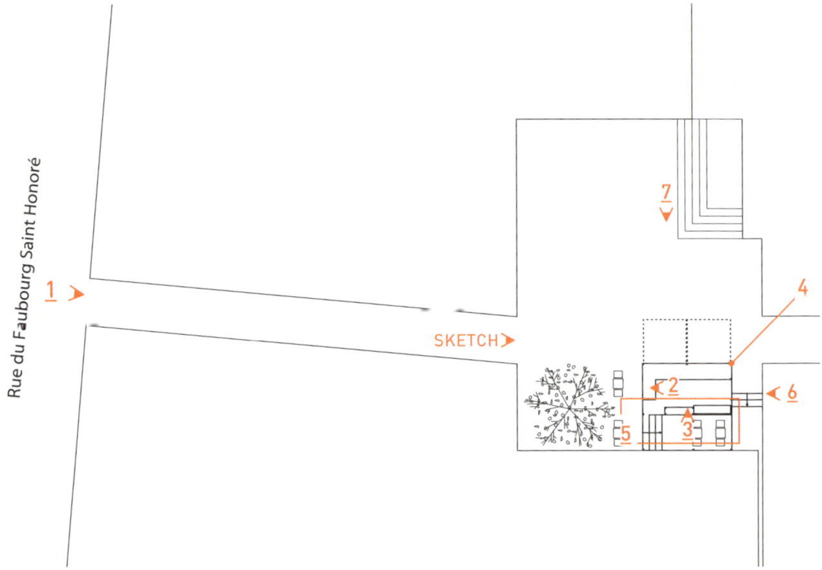

2

폴리카보네이트 외벽 너머로 중정의 모습을 엿볼 수 있다.

3

계단의 단 차이 때문에 좌석에서 바리스타의 뒷모습을 올려다볼 수 있다.

4

정중의 네모진 돌과 45도로 교차하는 검은색 카운터의 디테일.

5

카운터 뒤편에 있는 1단 높은 손님석. 수납 선반이 오픈되어 있어서 구석까지 빛이 비쳐 들어온다.

6

상부에서 빛이 내리쬐는 카운터를 측면에서 본 모습.

7

중정 구석에서 바라본 카페의 모습. 사진 좌측 밑에 있는 계단과 똑같은 계단이 카페 하부에도 존재한다.

중정에 단차가 없는 듯한 아늑한 카페가 경쾌한 분위기를 만들어낸다. 이 카페는 바리스타이자 오너 커플의 아이디어를 기반으로, 디자이너와의 면밀한 상호 작용으로 태어난 장소이다. 단차가 없는 듯한 설계 아이디어는 순수하게 떠오른 생각이라고 하며, 이를 통해 바리스타 카운터를 뒤에서 몰래 바라볼 수 있는 유니크한 구성이 되었다. 이러한 솔직한 발상의 프로젝트에서는 배울 점이 많다.

06 도시의 공터에 머물다

AIRSTREAM GARDEN (도쿄도 · 시부야구)
– T plaster 미즈구치 타이키(水口泰基)

부지를 최대한 활용한 도시의 건축물들 사이에서 갑자기 나타나는 데크. 데크 위 2대의 캠핑 트레일러가 카페이다. 넓은 하늘이 펼쳐진 데크에 둥그스름한 차체가 우두커니 서 있는 광경은 다소 이상하지만, 일단 데크에 올라가 한 손에 커피를 들고 벤치에 걸터앉으면 희한하게 마음이 편해지는 것을 느낄 수 있다.

오모테산도 힐즈 바로 뒤편에 2대의 트레일러가 서 있는 공터가 나타난다. 거리와 접해있는 트레일러는 창문이 바리스타 카운터인 카페 차체, 부지 안쪽에 있는 트레일러는 창고 겸 화장실이다. 이 두 대를 둘러싸듯 트레일러 바닥의 높이에 맞춘 방수 데크가 부지 전체에 깔려있다.

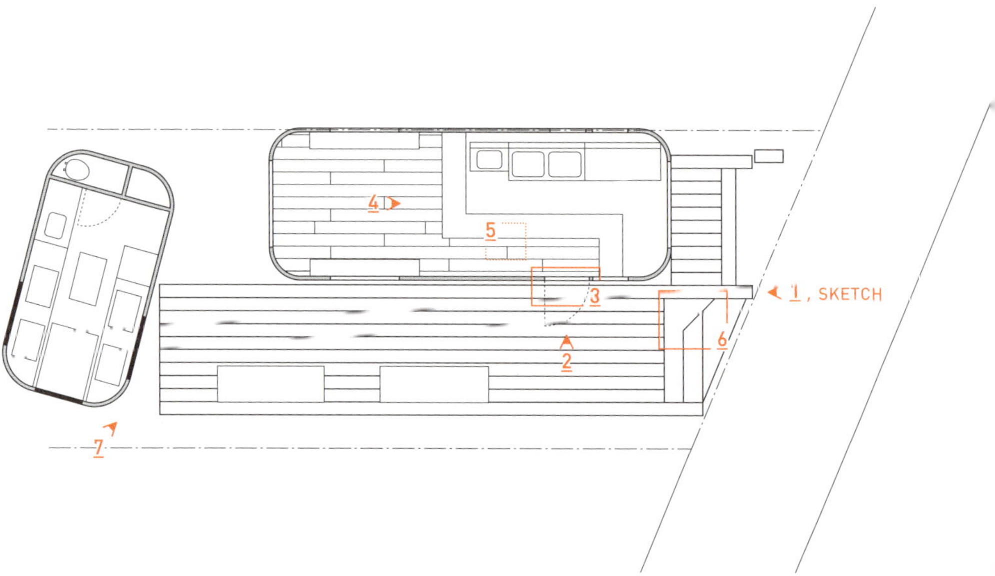

2 카페 차량의 입구. 문은 카페 오픈 여부를 판단하는 역할도 한다.

3 차량에 포함된 계단 높이에 맞춰서 깔린 방수 데크.

4 기존의 내장을 제거하고 흰색 도장, 목재 카운터를 설치했다.

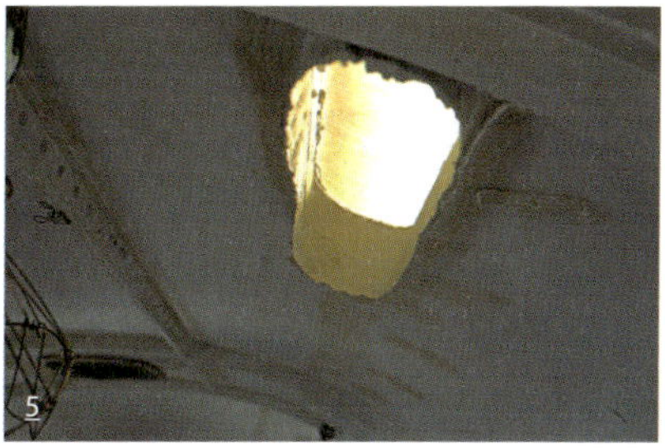

5 천장 조명 프레임을 보면 이전 인테리어 마감재의 두께를 가늠할 수 있다.

6 차량 계단에 맞추기 위해서 바닥에서 4단 높이의 계단을 설치했다.

7 부지를 내려다보면, 정말 색다른 광경임을 알 수 있다.

오모테산도 지역의 부지답게 주위처럼 높은 층 빌딩에 카페를 차리면 확실히 수익을 얻는 모습이 상상된다. 하지만, 이 땅의 주인은 새로운 건물을 짓는 대신 2대의 캠핑카를 놓았다. 그 결과, 공원 같은 카페 공간이 생겼고 사람들이 모였다. 작지만 이벤트를 하는 등, 카페에서 거리로 활기가 번지는 공간이 되었다. 경제성만을 쫓지 않고 새로운 가치관을 제시하는 것은 누구나 할 수 있는 일이 아니다.

07 축선을 강조하는 큰 차양

fluctuat nec mergitur (프랑스 · 파리)
—TVK & NP2F

공용 광장과 개인 카페를 잇는 깊은 차양. 이 차양 밑에 두 공간 중 어디라고 말하기 어려운 중립적인 오픈 테라스가 탄생했다. 정면에는 자유 · 평등 · 박애의 상징인 '마리아상' 이 보인다. 광장의 중심적인 존재인 동상과의 관계를 고려한 카페에 의해 축선이 강조되고, 광장 전체에 일체감이 생겼다.

카페가 있는 장소는 파리 10구의 레푸불리크 블럭 광장의 서쪽. 프랑스의 자유 · 평등 · 박애의 상징 '마리아상' 이 서 있고, 대규모 행진의 출발점으로도 알려져 있다. 2013년에 리뉴얼해서 남녀노소가 쉴 수 있는 밝고 안전한 장소로 다시 태어났다.

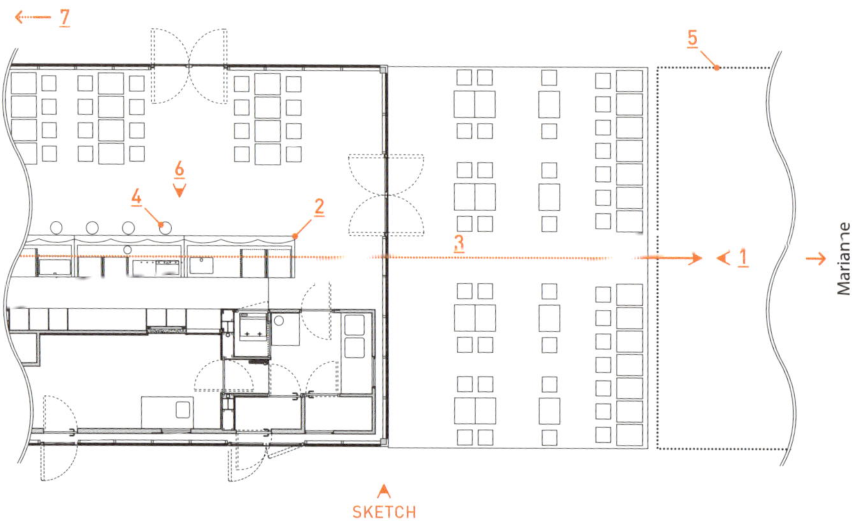

2 바닥과 같은 테라조를 사용한 카운터 발밑의 디테일.

3 '마리아상' 과 건축의 중심선이 완전히 일치하고, 축 위에는 좌석이 배치되어 있지 않다.

4 중후한 카운터에 대비되는 가벼운 목제 바 의자.

5 전면 광장에서 몇 분 간격으로 피어오르는 미스트.

6 차분한 색조의 건물과 가구 속에서 카운터 위 소품의 산뜻한 색이 빛난다.

7 고재를 쌓아 올린 듯한 광장의 오브제는 벤치로도 사용된다.

카페 이름은 파리시의 문장에 있는 표어 'FLUCTUAT NEC MERGITUR(흔들릴지언정 가라앉지 않는다)' 에서 유래되었다. 혁명과 전쟁을 극복해온 파리 시민에게 있어서 강하고 뜨거운 영혼의 터전인 이 광장은 특별한 장소이다. 그러므로 더욱 카페 외부 공간과 융화를 노리는 설계 콘셉트가 엿보이는 것은 당연한 일이다. 그 증거로 카페 내부 어디서나 '마리아상' 을 바라볼 수 있다.

08 거리의 동선과 공존하다

Dandelion Chocolate, Kamakura (나라현 · 가마쿠라시)
— Puddle + moyadesign

현지인이 오랫동안 사용한 생활동선을 유지하는 동시에 카페의 얼굴이 되도록 설계했다. 계단 돌출된 부분에 기존에 있던 식물을 이용해서 출창형(밖으로 튀어나오게 만든 창문)의 바리스타 카운터를 만들었고, 계단으로 이어지는 길에 식물로 된 차양이 떠 있는 듯 달라붙어 있다. 이 외관이 생활동선과 융합하여 일상생활이 카페와 완만하게 이어지는 것을 목표로 했다.

JR 가마쿠라 역 서쪽에 역의 서쪽과 동쪽을 연결하는 지하터널과 그 위의 도로를 잇는 생활동선을 포함한 부지. 좁고 긴 내부는 카운터를 중심으로 입구 오른쪽에 디스플레이 선반, 정면에 2층으로 향하는 계단, 왼쪽에 바리스타 카운터를 배치했다. 3방향에 전부 유리창을 배치해서 빛을 충분히 취할 수 있는 공간을 만들었다.

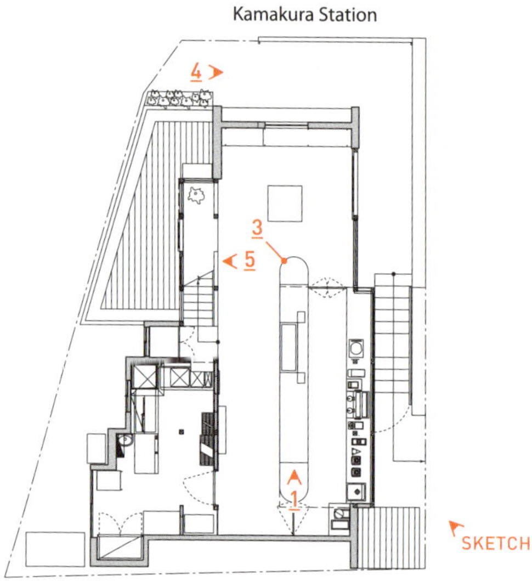

1F

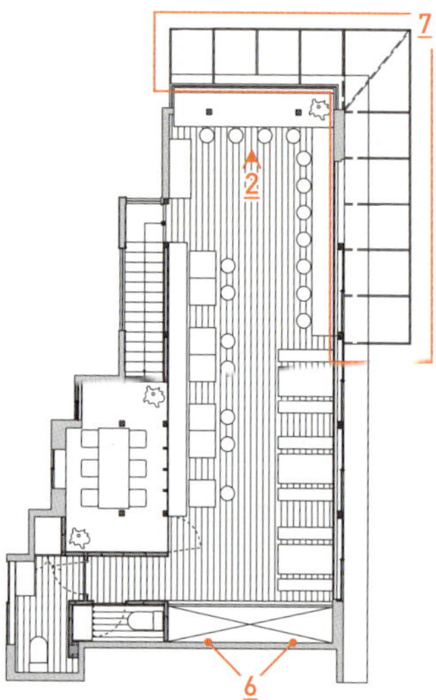

2F

2

2층 좌석에서 역사가 보인다. 이 좌석은 플랫폼에 서 있는 사람을 향한 간판으로써의 기능도 한다.

3

모르타르제 카운터. 코너를 1단 낮추고 구리판을 붙인 디스플레이.

4

외관에는 처마와 벤치를 설치해서 지나가는 사람들과 적극적으로 관계를 맺도록 계획했다.

5

계단 너머로 보이는 테라스석.

6

조명과 식물이 매달린 천장 구석의 벽면에 심어진 두 개의 스피커 유닛.

7

기존의 어닝 프레임을 이용해서 외부 통로에 걸린 차양.

이 건물은 필자가 설계했다. 건축 · 카페가 거리와 공존하기 위한 시도였다. 이 건물이 옷감을 파는 가게였던 시절부터 그 지방 주민의 생활동선으로 오랫동안 사용되어온 통로이다. 그 기능을 잃지 않는 설계는 무엇일까? 결과적으로 건물의 기초를 벗겨내고, 어깨너비였던 기존 계단을 가능한 한 넓히면서 그 상부에 카페의 얼굴이기도 한 바리스타 카운터를 보이게 했다. 외지인으로서 도시에, 거리에 폐를 끼치지 않으려는 배려를 잊지 않았기에 새로운 경치가 만들어진 것은 아닐까?

09 금융가에서 토착 소재와 기술을 사용하는 것의 의미

The Magazine Shop (아랍 에미리트 · 두바이, 현재 존재하지 않음)
—Case Design

현재 두바이에 화제를 일으킨 팝업 카페이다. 금융의 중심으로 화려해지기 전의 두바이에도 생활 속에서 소중히 했던 소재와 수공예가 있었다. 이곳은 그 소재를 이용하여 만들어졌다. 커피 외에도 잡지나 이벤트를 통해서 철과 유리, 그리고 콘크리트로 만들어진 현대 도시에 대한 안티테제를 나타내는 입체적인 미디어이기도 하다.

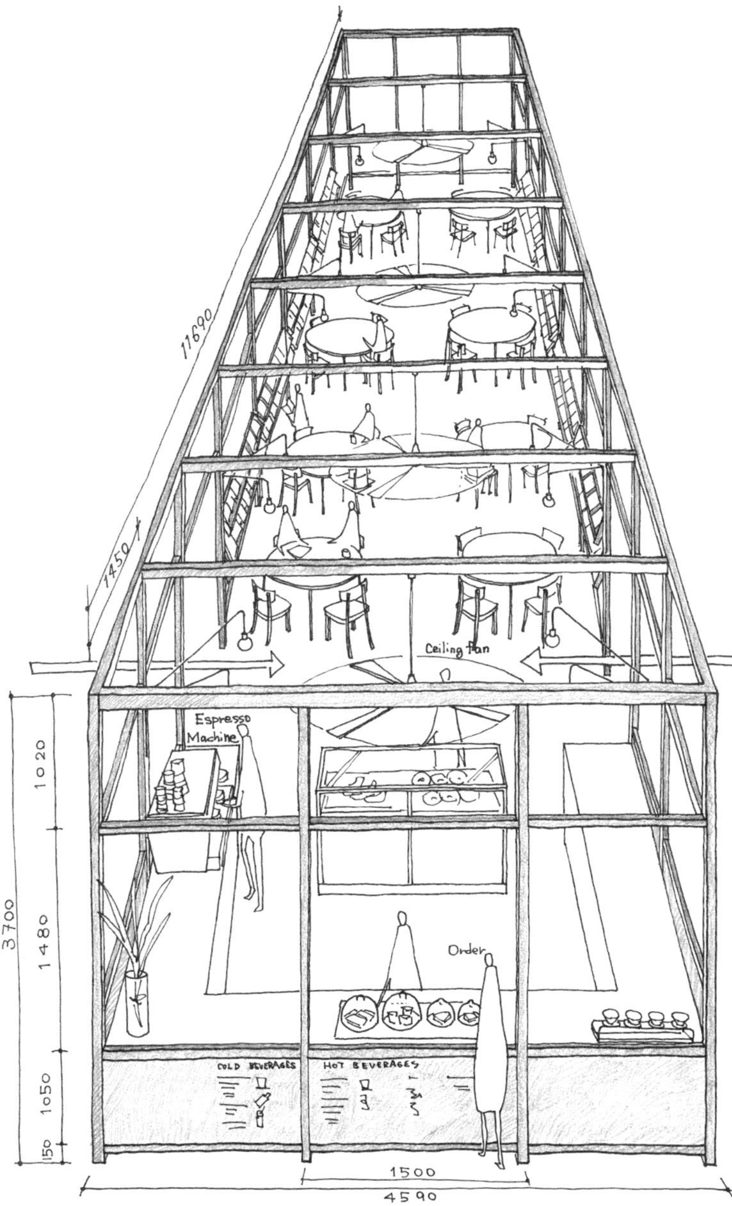

1

두바이 금융 지구 보행자 전용 필로티에 세워졌다. 폭 4.6m, 높이 3.7m, 깊이 11.7m의 티크 프레임 구조. 검은 석회암을 붙인 정면 부분에 바리스타 카운터가 있고, 카페 안쪽 좌석은 좌우 프레임에 농업용 네트, 잡지꽂이, 펜던트 조명이 있고, 상단 프레임에 실링팬이 고정되어 있다.

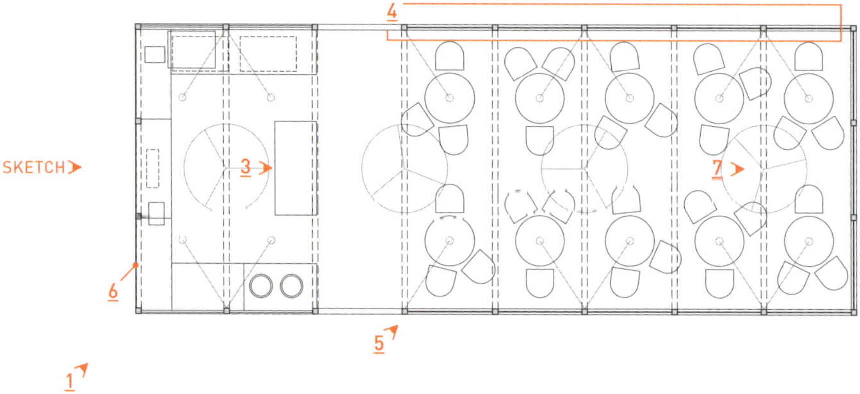

2

공장의 작업 풍경. 디테일을 검토하면서 설계와 동시에 제작해가는 과정을 밟았다.

3

바리스타 카운터 너머로 프레임 된 좌석을 바라본다.

4

티크로 제작된 랙에 진열된 잡지가 좌석 옆에 장식되어 있다.

5

구리 파이프로 만들어진 펜던트 조명이 농업용 네트 너머로 부드러운 빛을 만든다.

6

라임스톤에 직접 쓴 메뉴가 공예감을 연출한다.

7

때로는 카페에서 라이브 등의 이벤트가 열려서 문화를 즐기는 장소가 되기도 한다.

급성장하는 두바이의 그림자에 숨겨진 사람들의 진지한 생활이나 문화에 초점을 맞춘 컬처 패션 잡지를 출판하고 있는 오너는 이 카페라는 미디어를 통해서 두바이와 중동 사람들이 잃어버린 소재, 기술, 프라이드를 다시 한번 되찾으려 했을 것이다. 벽과 천장의 구별이 없고(에어컨도 없다) 토착 소재로 구성된, 누구에게나 열려있는 카페에 들어가면 자연스럽게 옛 도시가 떠오른다.

사진제공 : Case Design

10 플랫한 관계가 개방성을 자아내다

Seesaw Coffee - Bund Finance Center (중국 · 상하이)
—Tom Yu Studio

코너 두 면의 대형 유리 미닫이문이 밖으로 펼쳐지는 광장과의 경계를 모호하게 만들고 있다. 또, 특수 제작한 박스형 가구가 설치되어 있어서 좌석과 바리스타 영역과의 명확한 경계도 보이지 않는다. 카페 이름 'Seesaw'가 두 사람 사이의 균형을 즐길 수 있도록 이 카페에는 외부와 내부, 손님과 바리스타의 플랫한 관계를 목표로 설계한 것을 알 수 있다.

1

오피스 빌딩 1층 광장에 접한 카페. 손님은 천장과 일체가 된 큰 차양 아래에 놓인 크고 작은 가구에 앉아 커피를 기다리거나, 바리스타의 바로 옆에서 커피를 내리는 모습을 볼 수 있다. 이 컬러풀한 가구는 300mm 모듈로 크기와 높이를 바꿔가며 테이블과 의자, 바리스타 카운터에 사용되고 있다.

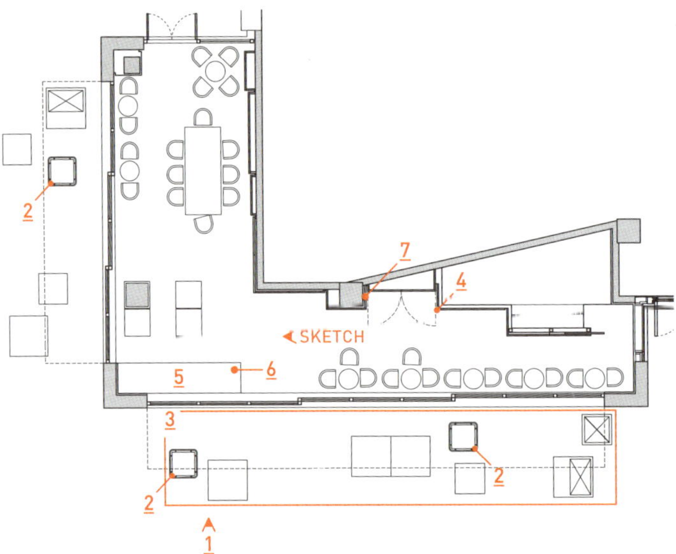

2

파이프가 달린 가구. 반려동물의 목줄을 묶어놓기 위한 용도일까?

3

다양한 색상과 크기의 가구 사용법은 손님에게 달려있다.

4

가구나 벽의 소재는 건축가 특수 제작. 폐기된 종이나 천의 조각을 나누어 압축했다.

5

바리스타 카운터의 발치는 100mm 길이의 걸레받이로 마감되어 있다.

6

스테인리스 카운터 상판에 뚫려있는 구멍. 쓰레기통이 내장되어 있다.

7

손으로 만져보면 딱딱하지만 소재가 지닌 따뜻함을 느낄 수 있다.

'Seesaw Coffee' 는 중국 · 상하이에서 시작된 세 번째 웨이브(3rd wave) 커피. 중국 내에 20개의 체인점이 있으며, 각각 다른 건축가가 'Seesaw' 를 콘셉트로 디자인했다. BFC 점에서는 가구나 벽에 재생 소재인 '압축 재생 섬유 패널' 을 사용했는데, 이는 건축가의 도전이자 메시지이다. 확대하는 중국 경제와 소비사회의 부정적인 측면인 쓰레기 문제에 신소재 개발로 접근하고, 사회적 과제의 해결과 디자인성이 높은 카페 공간을 성립시키고 있다.

11 거리로 밀어내는 이동식 카운터

Dandelion Chocolate - Ferry Building (미국 · 샌프란시스코)
— Puddle + moyadesign

페리 정류장을 개조한 건물에 있는 커피 키오스크. '영업시간에는 1.2m 공용 공간을 사용할 수 있다.' 라는 조건이 있으므로 바리스타 카운터를 포함한 모든 집기는 이동식이며, 폐점 시에는 부지 내에 넣어 두고, 개점 시에는 지나가는 사람들과 적극적으로 커뮤니케이션을 취할 수 있는 카운터로, 경계에 얽매이지 않는 자유로운 사용법을 가능케 했다.

페리 정류장을 전환한 카페. 자연광이 듬뿍 쏟아지는 2층 건물의 1층에 위치해있다. 밝은색 벽돌로 만들어진 폭이 얕은 아치 모양의 경계는 홀딩 게이트를 개방함으로써 카페와 통로가 플랫하게 이어진다. 중앙 집기에서 왼쪽 벽면은 리테일 선반, 오른쪽이 바리스타 카운터로 구성되어 있다.

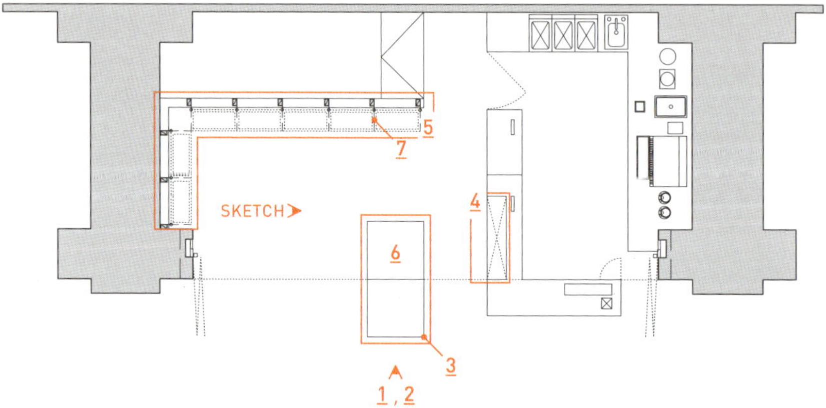

2

폐점 시에는 시설 공용 쇠창살 홀딩 도어가 닫혀있다.

3

이동식 가구. 물결 모양 콘크리트 판위에 6mm 구리판이 놓여있다. 커팅부터 조립까지 공장에서 시공했다.

4

페이스트리를 디스플레이한 모습. NC 가공으로 물결 모양으로 커트한 주름판 위에 천연 대리석이 놓여있다.

5

리테일 선반은 주름판 허리 벽에 대나무 기둥과 구리판을 조합했다.

6

중앙의 이동식 가구. 주름판은 문 역할도 하며, 내부는 수납장으로 사용할 수 있다.

7

표면을 연마한 대나무 기둥과 구리판을 구부려서 강도를 높인 선반의 디테일. 기둥 뒤에는 간접조명을 설치했다.

필자 설계이다. 일본에서 대나무를 가공, 수출하고, 미국의 공업 제품과 일본의 공예를 조합한 새로운 카페를 목표로 했다. 이 카페의 특징이자, 통로를 오가는 사람을 무의식적으로 카페 안으로 끌어들이는 장치인 이동식 가구는 급등한 현장 시공 인력 비용을 줄이기 위해서 현장에서 시공하지 않고, 공장에서 만들어낸 뒤에 가져왔다.

12 내부와 외부의 일체감을 살리는 창문 디자인

Slater St. Bench (오스트레일리아 · 멜버른)
— Joshua Crasti and Frankie Tan of Bench Projects

실내임에도 불구하고 거리 한구석에 펼쳐진 공원 같은 카페가 있다. 창문을 개방해서 경계가 모호한 카페와는 달리, 코너에 배치한 등받이가 없는 낮은 벤치와 프레임이 눈에 띄지 않는 고정된 유리창이 식물이 있는 도로의 경치를 눈으로 담아내게 만든다. 내부와 외부가 일체 된 편안한 공간을 만들어내는 데 성공했다.

멜버른 · 슬레이터 스트리트와 트램이 달리는 거리의 교차로에 접한 건물의 코너에 있다. 외벽 유리에는 단열 필름이 부착되어 있어서 거리에서는 카페 내부가 완벽히 보이지 않는다. 외부에는 실내의 몇 배나 되는 넓이의 테라스석이 준비되어 있다.

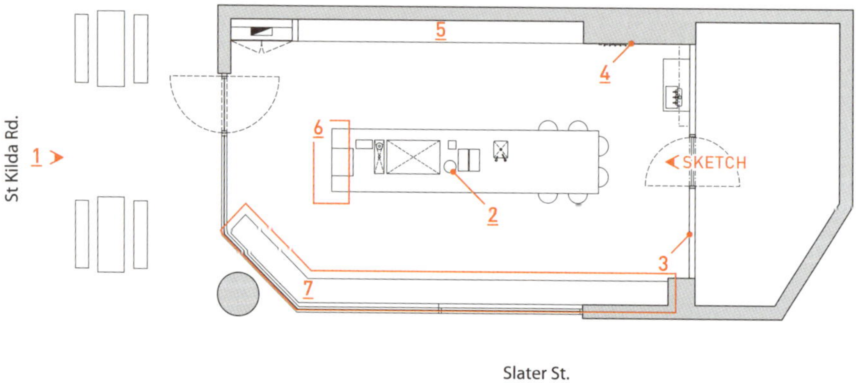

2 천장에서 카운터로 이어지는 구리 파이프 속에 배관 파이프가 들어있다. 바닥 배관이 없고, 카페 내부는 평평하다.

3 벽면에 설치된 부드럽게 빛나는 메뉴판은 조명의 기능도 하고 있다.

4 스태프 앞치마가 상품 선반에 디스플레이 되어 있어서 공간의 구분이 애매모호하다.

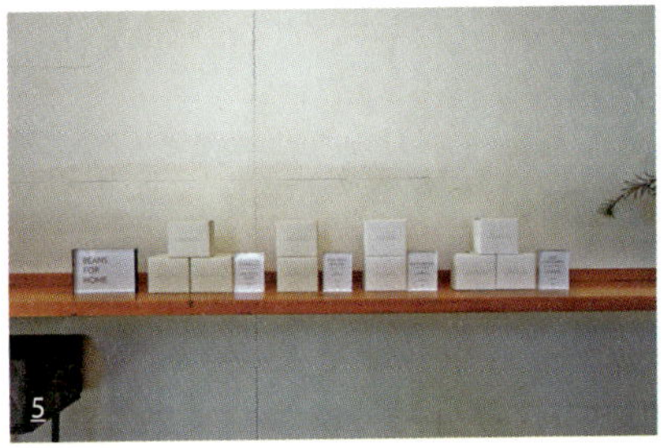

5 바리스타 뒤쪽 벽에 달려있는 디스플레이 겸 스탠딩 카운터.

6 콘크리트 바닥에 설치된 나무와 스틸 카운터에 햇살이 비쳐 들어오는 모습.

7 거리에 설치된 L자형 벤치. 나무 그늘이 아름답다.

공간의 중앙에 시선을 가리지 않는 심플한 바리스타 카운터와 외벽 유리를 따라 설치된 낮은 L자형 벤치. 모두 오래된 소방서에서 사용된 목재를 넘겨받아서 만들었다고 한다. 바리스타 구역과 손님 구역의 구분이 없는 카페 내부를 돌아다니면서 부담 없이 자신이 있을 장소를 찾아 자유롭게 앉는다. 햇살이 카페 내부까지 비쳐 들어와서 마치 공원에서 시간을 보내는 듯한 착각을 준다.

13 시선을 빼앗는 나무 터널

스타벅스 커피 다자이후텐만구오모테산도점 (후쿠오카현 · 다자이후시)
–KENGO KUMA AND ASSOCIATES (쿠마 켄고 건축 도시 설계 사무소)

거리와 직교하는 나무 터널. 60mm 삼나무 각목이 전통적인 기술인 '[1] 지옥조(地獄組)'로 조합되어 있다. 조합된 나무는 [2]셋백한 유리를 뚫고, 완만한 경사를 취하면서 가장 안쪽에 있는 정원까지 계속 이어진다. 자연스러운 패턴이 참배길을 걷는 사람의 시선을 빼앗아서 카페 안으로 들어올 수밖에 없게끔 경계를 희석시킨다.

1) 미닫이 등의 창호를 만드는 데 사용된 전통적인 기술. 보통 나무를 짜는 경우에 절반씩 잘라서 작업하지만, 지옥조는 2/3로 자르고 얽혀서 튀어나오게 만들어진다.

2) 일조나 통풍이 잘되게 하려고, 건물의 위층을 아래층보다 조금씩 후퇴시켜 계단 모양으로 짓는 일.

1

다자이후 텐만구의 신사 입구에 세운 기둥 곁에 있는 카페. 조합된 나무 터널이 박력 있고 대담하면서도 거리에서 셋백한 유리면과 건축 높이를 억제하고 있기 때문에 주변 환경에 대한 배려가 엿보인다. 지붕 시설, 양쪽 외벽은 판금으로 깔끔하게 시공하고, 조합된 나무 구조가 붕 떠 있는 듯한 느낌이 강조되어 있다.

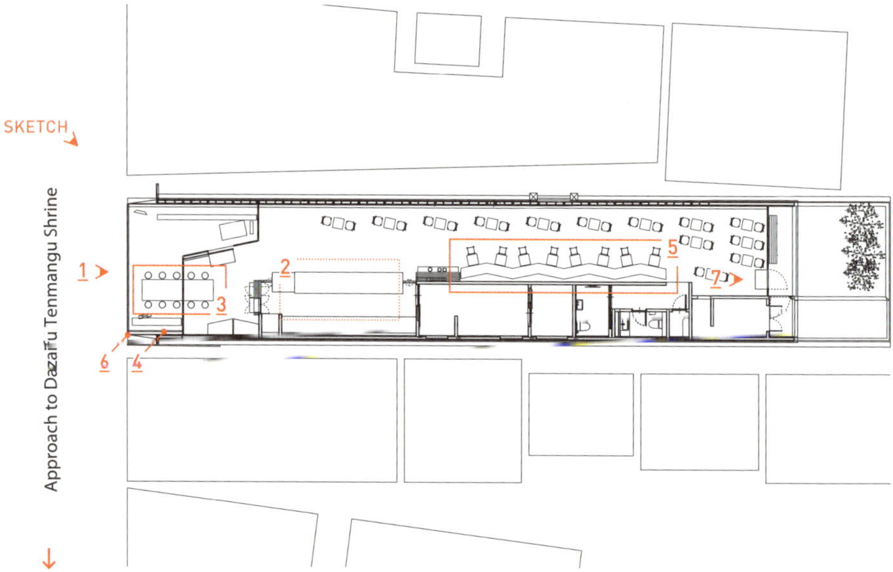

2 조합한 나무와 같은 단면 모양의 펜던트 라이트.

3 카페 내부에서 거리를 본 모습. 유리를 관통하는 테이블이 내부와 외부가 일체가 된 느낌을 안겨준다.

4 조합한 나무 너머로 [3]목모 시멘트 판 벽이 보인다. 조합한 나무는 디자인이자 구조이다.

5 조합한 나무 모양을 모방한 지그재그 소파. 시선의 방향이 바뀌며 적당한 거리감을 형성한다.

6 거리에서 바라본 조합한 나무의 단면 디테일.

7 조합한 나무 터널은 가장 구석에 있는 짧은 오르막 정원에서 멈추고, 시선은 하늘로 향하도록 설계되었다.

건축가는 미닫이문 등에 사용되어 온 전통 공법인 '지옥조(地獄組)' 로 나무 터널을 만들었고, 그 가장 깊숙한 곳에 다자이후 텐만구의 상징인 매화나무가 있는 정원을 배치해서 새로운 '참배길' 을 탄생시켰다. 이 기발함이 폭넓은 고객층을 카페 안에 들어가 보고 싶게 만드는 호기심을 자극하는 듯하다. 사찰 건축이 비바람 등에 의해 그 깊은 멋을 더해가는 것처럼 이 나무 터널이 시간이 지남에 따라 어떻게 변화해나갈지 기대가 된다.

3) 털처럼 가늘게 만든 목제 제품. 포장용, 절연물로 쓰인다.

14 입구에 있는 여백의 가치

SATURDAYS NEW YORK CITY TOKYO (도쿄도 · 메구로구)
–제너럴 디자인 1급 건축사 사무소

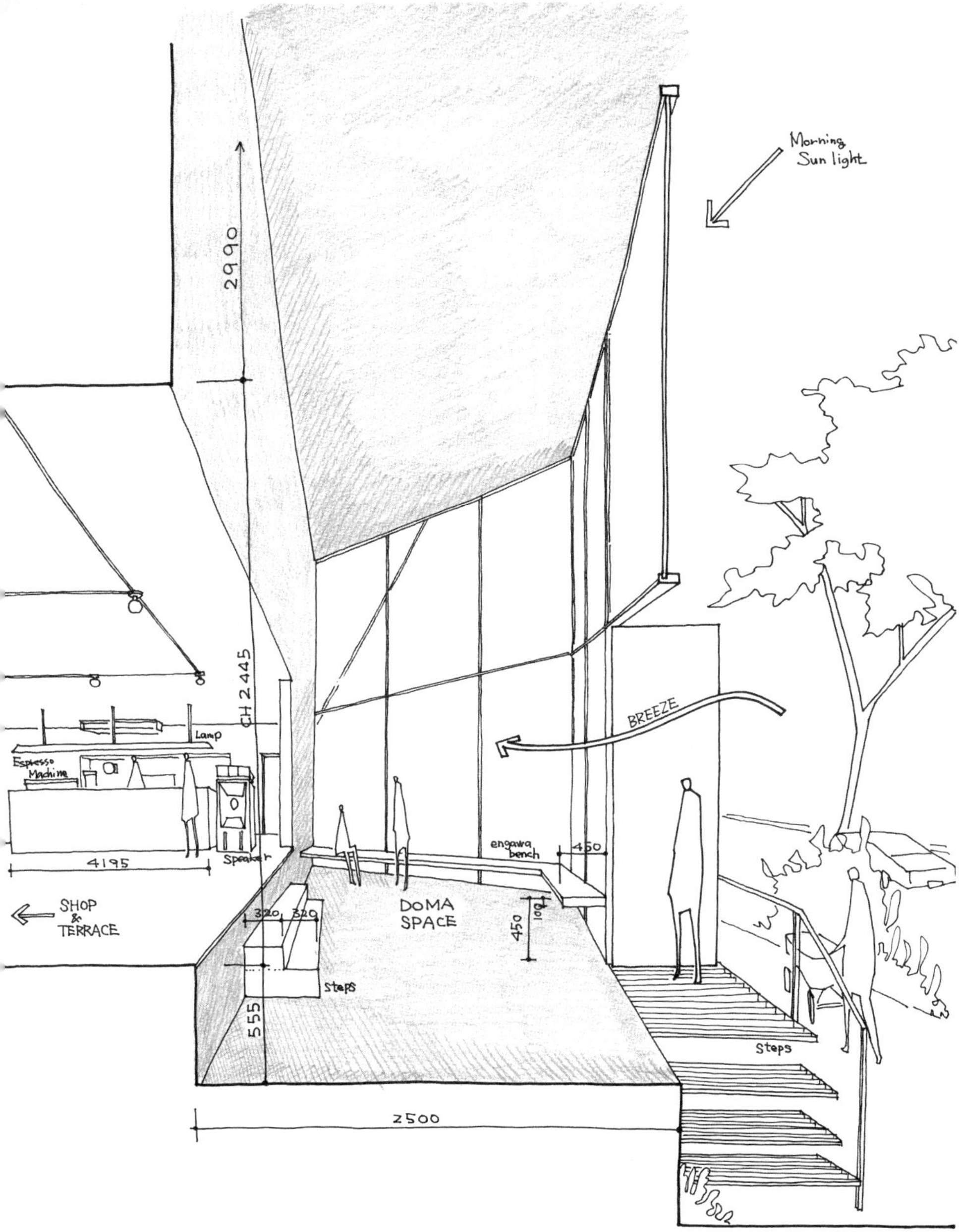

서핑 의류 판매장에 병설된 카페. 바닥 레벨이 도로보다 1m 이상 높고, 깊이가 깊으며, 천장은 낮다. 이 일반적으로 부정적인 건축조건이 2층 천장까지 훤히 뚫려있는 구조와 크게 개방된 입구로 불식되고 있다. 벤치만 설치된 여백이 손님을 브랜드의 세계로 끌어들이기 위한 [4]전실(前室) 적인 역할을 하고 있다.

4) 집의 몸체 앞쪽에 있는 방.

1

시부야구 · 다이칸야마 큐야마테거리에 접해있다. 대사관 등의 저층과 입구가 큰 건물이 모여있는 지역. 인근 건물의 크기에 맞춘 듯, 5)파사드에 대형 유리를 설치했다. 외벽을 담쟁이가 덮고 있어서 여름에는 거리의 나무와 조화를 이룬다.

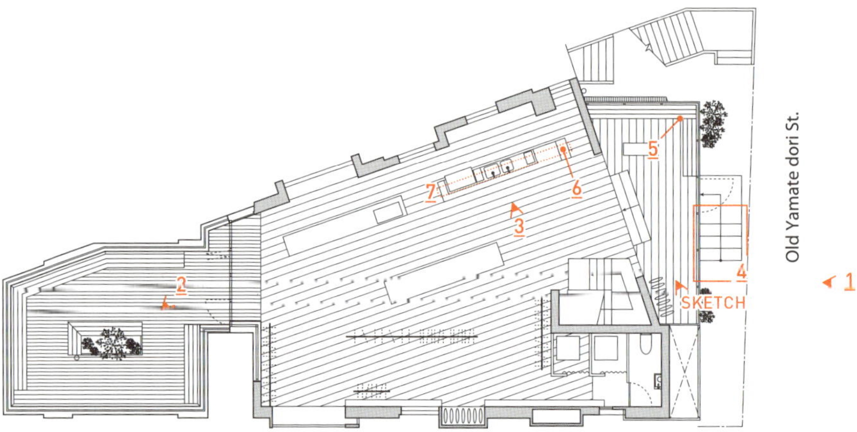

5) 건축물의 정면, 앞면을 말하며, 건축 의장의 중심점이 되기도 한다.

카페 안쪽으로 들어가면 테라스석이 나타난다. 높은 곳에서 거리를 바라볼 수 있다.

에스프레소 머신 등의 기구가 절반 정도 가려진 모르타르 마감의 카운터.

거리와 평행으로 설치된 입구로 가는 계단. 스틸 그레이징 마감.

유리 새시보다 튀어나온 구조로, 벤치가 가벼워 보인다.

카운터 끝부분에 거대한 빈티지 스피커가 소리에 대한 신중함을 나타내고 있다.

스틸 기초에 클리어 도장으로 마감된 심플한 조명기구가 카운터 상부에 걸려있다.

거리에 접해있어서 보통이라면 상품이나 바리스타의 모습을 보여주고 싶은 곳이지만, 설계자는 굳이 입구에 여백을 설계함으로써 카페 전체를 기분 좋은 공간으로 승화하는 데 성공했다. 도시의 문화와 서핑을 융합하는 것을 목표로 하는 브랜드 콘셉트에 기초한 이 볼륨감이 카페와 멀리 떨어진 바다를 이어주는 데 중요한 역할인 '마인드' 를 리셋하는 장치로서의 기능도 있다고 생각한다.

15 '접근'이라는 파사드

블루 보틀 커피 산겐자야 카페 (도쿄도 · 세타가야구)
–스키마 건축 계획 나가사카 조(長坂常), 마츠시타 유이(松下有爲), 나카노 야스노리(仲野康則)

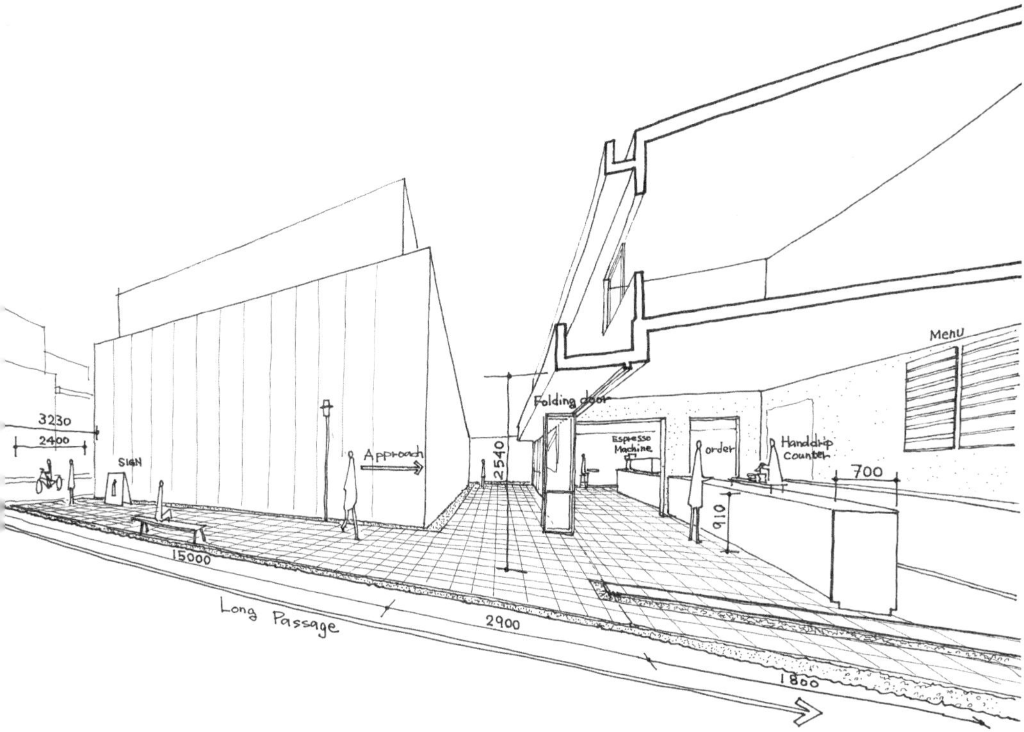

부지를 가득 채운 건물을 만들고, 개성적으로 외관을 꾸미는 카페가 많은 것에 비해, 이곳은 입구가 좁고 긴 깃대 같은 부지를 그대로 받아들였다. 바닥 콘크리트판 이외에는 아무것도 꾸미지 않은 접근법은 완전한 외부이면서 그 장치에 의해 공간의 중요한 일부로 느껴지는 동시에, 카페에 대한 기대감 증폭 장치의 기능도 하고 있다.

전에는 주택 겸 진료소였던 건물의 1층을 카페로 전환했다. 정면에는 바리스타가 산겐자야의 상점가를 걷는 사람들을 무심하게 바라보고 있는 듯한 느낌이다. 우측 샛길은 2층에 사는 집주인의 집으로 접근하는 길이자, 갤러리와 뒤뜰로 접근하는 길이기도 하다.

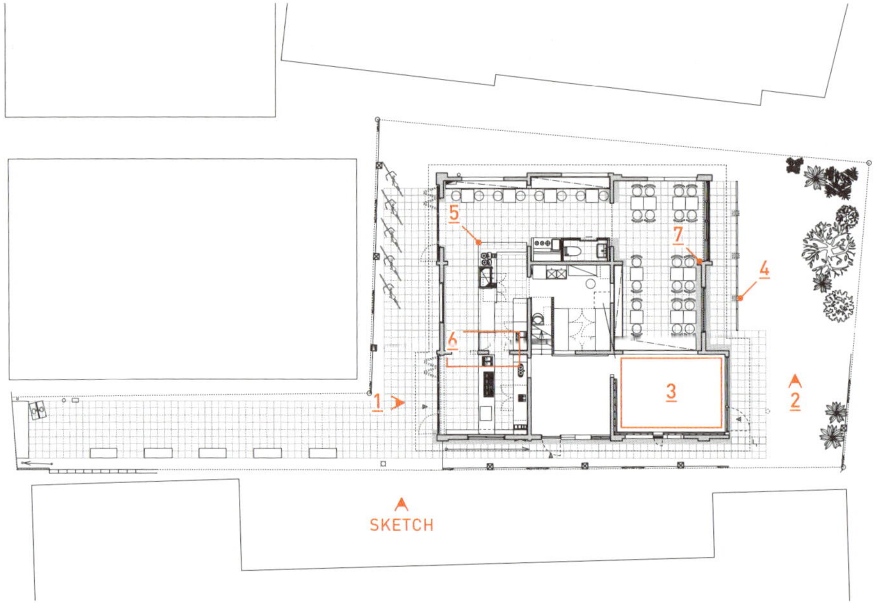

2

진료소 시절 그대로 남아있는 정원을 바라보는 스탠드 테라스가 설치되어 있다.

3

정원에서만 들어갈 수 있는 명확한 공간의 구분이 없는 갤러리.

4

외부의 플랫 바 난간에 연식의 변화가 보이는 탈착식 방수 자작나무 합판 테이블이 부착되어 있다.

5

바닥 줄눈을 가리는 흰색 카운터는 콘크리트판이 떠 있는 듯한 인상을 준다.

6

골조를 관통하는 듯한 커피 카운터. 바리스타와 손님은 각각 다른 문을 통해 왕래한다.

7

기존 골조의 텍스처를 남겨놓은 것이 새로운 목제 가구와의 대비를 강조하고 있다.

설계자는 깃대 같은 부지의 단점이라고 할 수 있는 좁고 긴 접근을 굳이 '아무것도 없는 공간' 으로 만들어서, 외부와 내부가 일체 된 외관을 조성했다. 이것은 외부를 포함한 부지 전체를 카페 공간으로 만들었다고도 말할 수 있다. 많은 상업시설이 적극적으로(때로는 공격적으로) 외관이나 사인을 만드는 경향이 있는 요즘, 일부러 찾아서 들여다보지 않으면 만날 수 없는 이 카페의 파사드에서 배우는 점은 매우 중요하다.

16 거리로 오픈된 작은 처마

ONIBUS COFFEE Nakameguro (도쿄도 · 메구로구)
—스즈키 카즈시(鈴木一史)

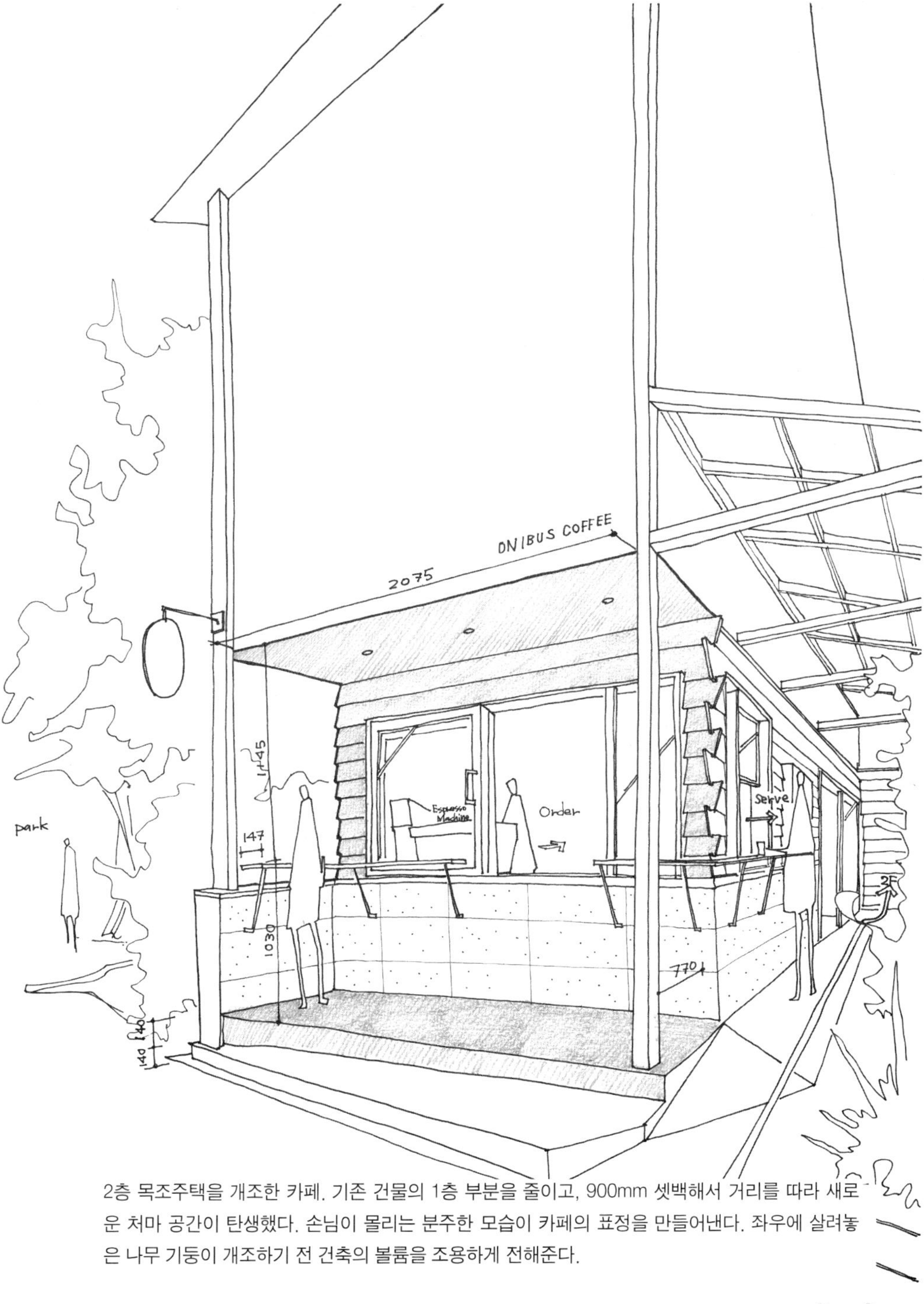

2층 목조주택을 개조한 카페. 기존 건물의 1층 부분을 줄이고, 900mm 셋백해서 거리를 따라 새로운 처마 공간이 탄생했다. 손님이 몰리는 분주한 모습이 카페의 표정을 만들어낸다. 좌우에 살려놓은 나무 기둥이 개조하기 전 건축의 볼륨을 조용하게 전해준다.

1

도큐 토요코센을 따라 있는 공원에 인접한 2층 목조건물. 셋백한 오더 카운터의 움푹 파인 응회석 마감이 특징적인 파사드로, 공원과 부지 내 곳곳에 설치된 식물과 잘 어우러진다.

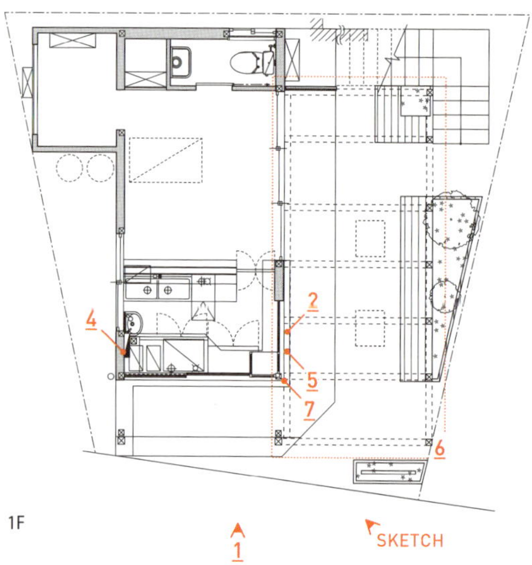

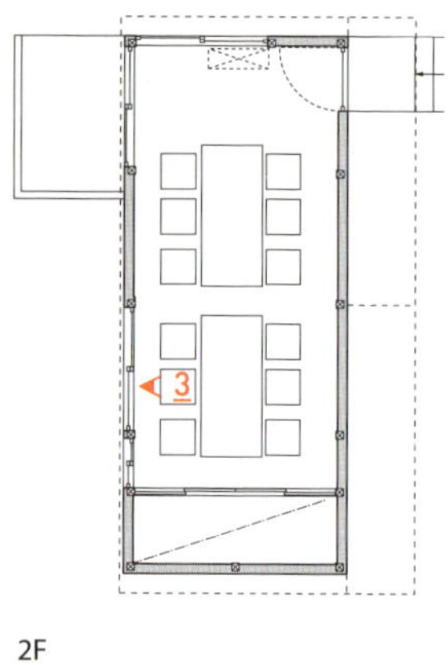

측면에 설치된 픽업 카운터.

2층 좌석 창문에는 기존 미닫이 프레임이 재사용되었다. 인접한 공원을 바라볼 수 있다.

바리스타석 내부는 오리지널 [6)]도코나메야키(常滑焼き)타일로 가득 채워져 있다.

폭 150mm의 스탠딩 카운터가 바리스타와의 커뮤니케이션을 만들어낸다.

2층으로 가는 외부 계단 상부에 설치된 나무와 아크릴판.

1층 허리 벽에 사용된 응회석. 목조건물의 습도 조절을 도와주는 역할일까?

원래 작은 부지 건축에도 불구하고 더 면적을 줄였다. 보통 매장 면적은 넓게 취하지만, 이곳은 그 정반대의 방법을 취하고 있다. 이러한 의뢰인과 설계자의 도전이 내부적으로는 처마라는 카페의 얼굴을 만들고, 키오스크의 새로운 형태를 제안한다. 손님과 바리스타의 미팅 포인트, 커뮤니케이션의 장을 능숙하게 만들어낸 좋은 아이디어이다.

6) 토코나메(常滑): 아이치현에 있는 지역. 8세기 헤이안 시대 후기부터 '고토코나메(古常滑)' 라고 불리는 도자기가 생산되었으며, 차주전자, 다기 등도 생산되고, 메이지 시대부터는 토관, 타일 등도 생산되었다.

17 반지하에서 거리를 바라보다

GLITCH COFFEE BREWED @ 9h (도쿄도 · 미나토구)
—히라타 아키히사 건축 설계 사무소

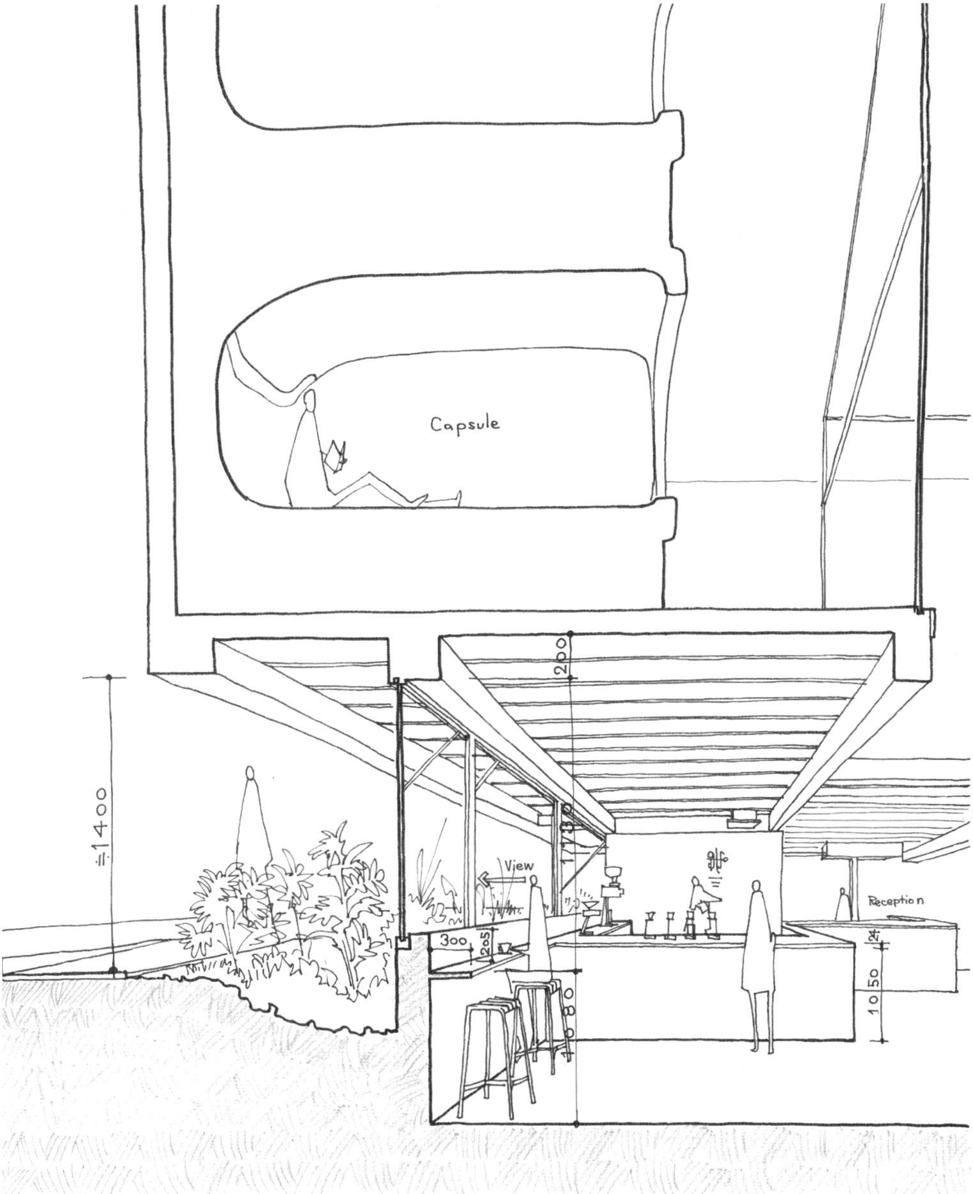

캡슐 호텔의 폐쇄적인 성격처럼 안내 데스크에 조용하게 자리 잡은 카페. 반지하에 있으므로 거리에서는 한눈에 알아보기 어려운 숨겨진 존재이지만, 모노톤으로 통일된 공간 속에 있는 나무 카운터 상판이 정확히 앞쪽 도로의 높이와 같게 가지런히 놓여있고, 외관의 식물과 매끄럽게 연결된 절묘한 개방감을 자아낸다.

아카사카 역 뒷골목에 있는 지상 4층 캡슐 호텔의 반지하에 있다. 흰색 큐브 모양의 건축 볼륨을 검게 칠한 구조물이 지탱하고 있다. 외관을 녹지화해서 거리에서는 일부러 숨겨진 존재가 되었다. 사진 우측의 슬로프를 통해 손님이 들어간다.

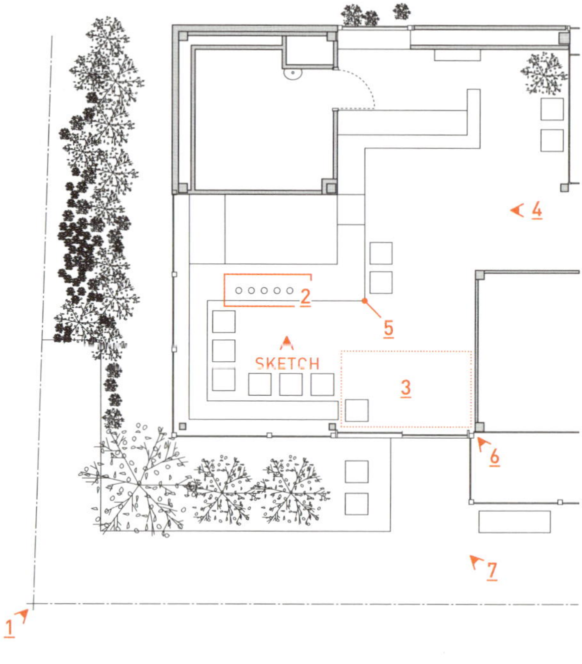

2 카운터 상단에 같은 간격으로 고정된 오리지널 드립 스탠드.

3 입구 상부의 7)후키누케는 공기의 순환뿐만 아니라 빛 우물 역할도 한다.

4 바리스타 카운터는 호텔의 리셉션 카운터(사진 우측)로 연결된다.

5 흰색으로 칠해진 허리 높이에 상판으로 낙엽송 합판을 올린 심플한 바리스타 카운터.

6 숙박 층과 카페가 후키누케를 통해 서로 이어져 있으므로 커피 향이 위층까지 피어오른다.

7 입구 옆의 외부 식물은 슬로프의 경사에 맞춰서 계단식 형태로 설계되었다.

진보초에 로스터리를 차린 카페 오너에 의한 일본 최초의 싱글 오리진 핸드드립 전문점으로써 탄생한 카페. 객실에 머무는 시간이 짧은 캡슐 호텔 손님의 한정된 아침 시간을 최대한 풍부하게 만들지 않을까? 이곳에는 에스프레소 머신도 우유도 놓여있지 않다. 심플한 블랙커피이기 때문에 비로소 만들어 낼 수 있는 가치가 있다고 생각한다.

7) 건물의 2층, 혹은 그 이상의 층 사이에 천장이 없는 공간.

18 시간을 가둔 배

로쿠요우샤(六曜社) 커피점 (교토부 · 교토시)
—디자인 아트

번화한 상점가의 지하에서 70년 가까이 영업하고 있는 카페. 나무를 중심으로 벽돌이나 타일 등 중후하고 품위 있는 분위기의 카페 내부는 특징적인 팔걸이가 있는 바 카운터를 중심으로 가죽 소파 등 정다운 다방의 분위기가 남아있다. 지상의 빛이 간신히 비추는 모습은 마치 배 안에 있는 듯한 느낌을 주어서 도시의 소란스러움을 잠시 잊을 수 있는 편안함이 있다.

1

교토 · 가와라마치 산조 교차로 근처에 있다. 지하로 폭 950mm의 계단을 통해 들어간다. 같은 오너가 운영하는 1층의 찻집과 함께 황금색으로 마감된 맞춤 제작한 타일과 'Coffee' 라는 문자가 특징적이다. 이곳에서 오랫동안 계속 운영할 수 있었던 카페가 풍기는 중후한 느낌을 파사드에서 느낄 수 있다.

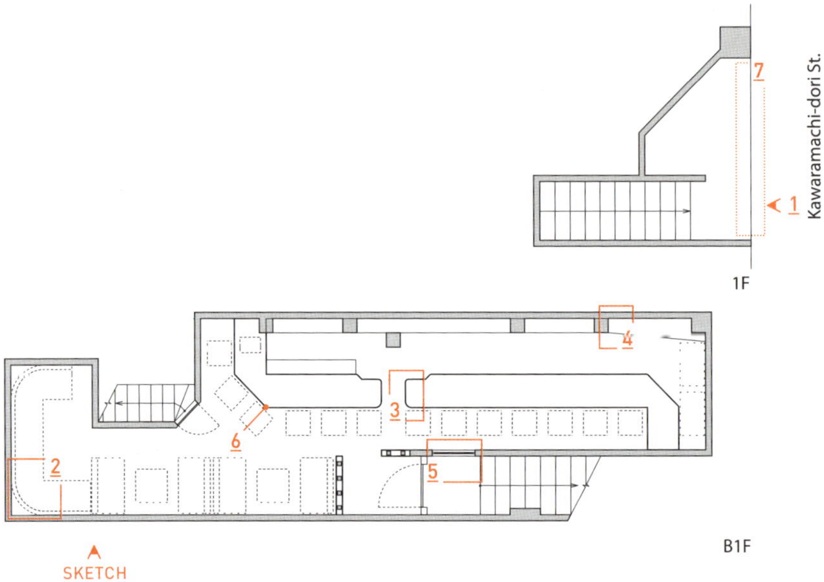

2

코너 소파 상부에 작은 거울이 카페를 품위 있고 깊이 있는 공간으로 만들어준다.

3

바를 하던 시절부터 남아있는 카운터의 약간 큰 듯한 팔걸이는 팔을 올려놓기에 아주 좋은 형태.

4

파사드와 같이 50년 이상 전에 교토의 장인에 의해 만들어진 오리지널 타일.

5

계단 밑 입구 양옆에 설치된 채광창으로 카페 내부를 바라볼 수 있다.

6

목제 카운터와 벽돌 발판.

7

파사드의 안쪽 벽에 설치된 카페 이름보다 더 눈에 띄는 'Coffee' 라는 글자.

1950년에 부모님이 다방으로 오픈했고, 한때는 바이기도 했던 공간은 시간을 거듭해서 지금 시대로 넘어온 이후 40여 년이 지났다(현재도 밤에는 바를 운영하고 있다). 지하에 있으므로 외부 환경과 분리된 좁고 긴 공간에 앉아있으면 잠시 시간이 지나는 것도 잊어버린다. 빛이 약간 비추는 도심의 지하 공간에서 서로 이야기를 나누며 시간을 들여 커피를 즐기는 교토의 찻집 문화를 체험할 수 있다.

19 창문이 없는 공간에 놓인 바리스타의 무대

KOFFEE MAMEYA (도쿄도 · 시부야구)
— 14sd / Fourteen stones design

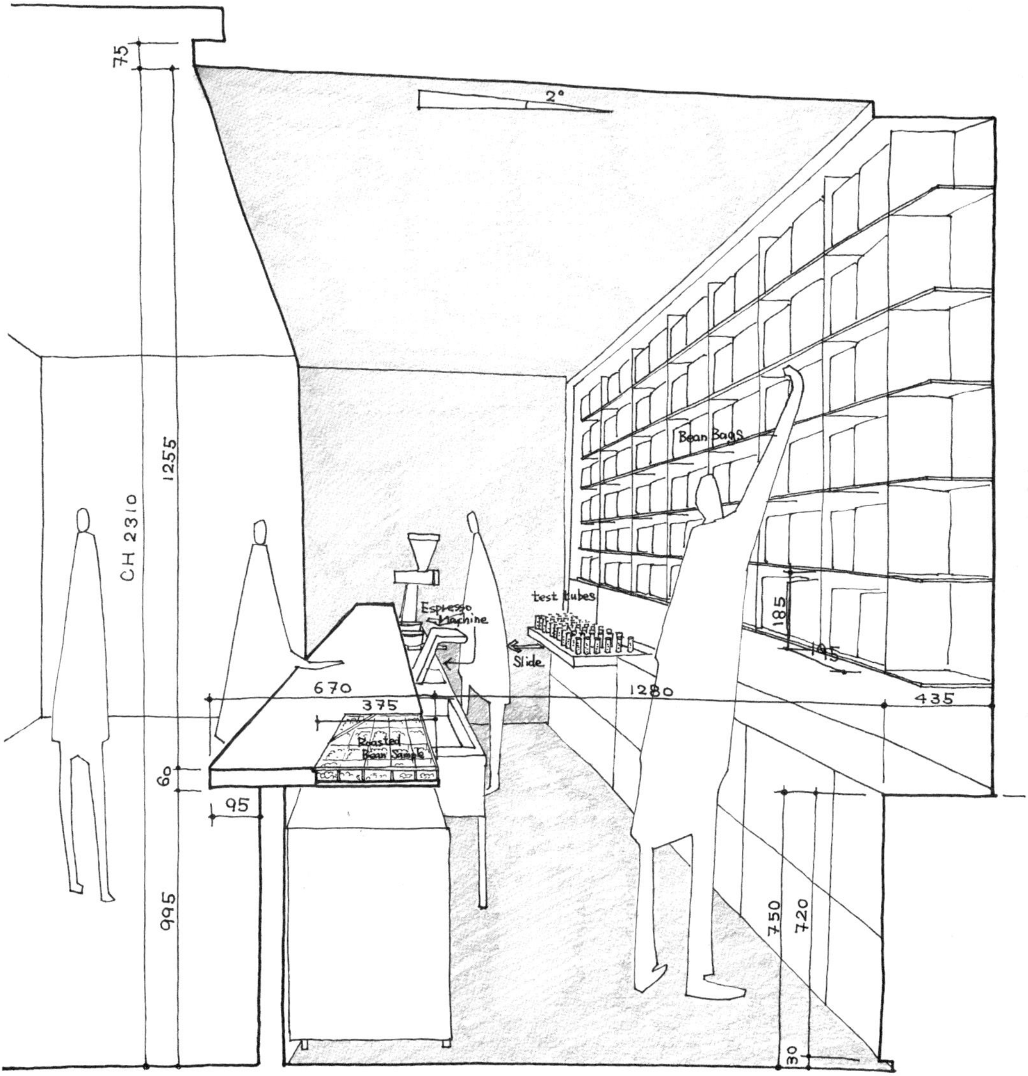

스탠딩 키오스크에 연구실이 병설된 빈즈 숍. 창문이 없고, 밖에서는 매장의 모습을 볼 수 없다. 모르타르로 마감된 희미하게 빛나는 공간에 목제로 만들어진 숨은 키오스크가 손님과 바리스타의 영역을 분리한다. 흰옷을 입은 바리스타가 커피를 내리는 모습과 엄선된 커피콩만이 눈에 보인다. 무대를 보는 듯한 긴장감이 감도는 특별한 커뮤니케이션이 탄생되었다.

1

오모테산도의 중심에서 약간 떨어진 주택가에 조용하게 우두커니 서 있다. 구운 목제로 된 파사드에 간판이 전혀 없다. 입구는 1.6m 정도 높이로 고개를 숙여야 들어갈 수 있을 정도로 낮고, 안쪽 정면에 작은 놋쇠로 만든 로고와 분재가 손님을 맞는다.

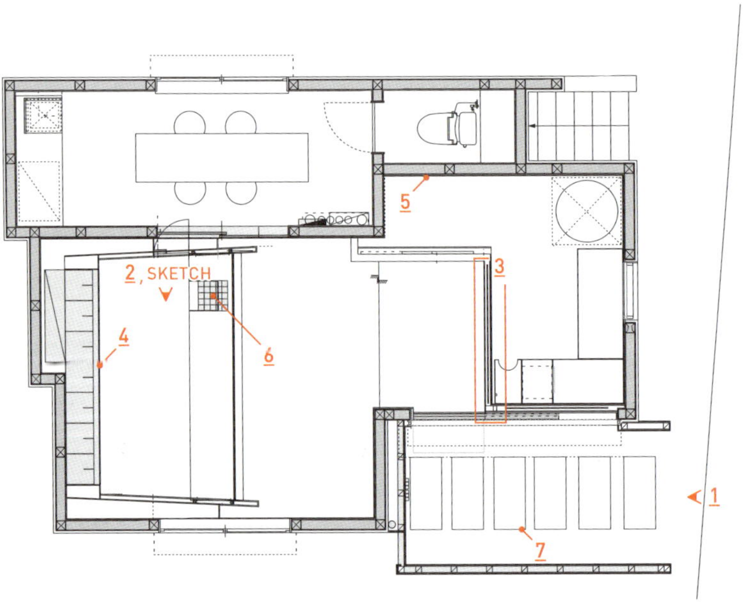

높이 1050m의 카운터 위에는 아무것도 놓여있지 않고, 커피콩만 보이도록 배려했다.

눈높이에 있는 좁고 기다란 구멍을 통해 연구실을 볼 수 있다.

카운터 뒤에 검은색 스틸판으로 구성된 커피콩 진열 선반.

연구실 벽은 크롬도금된 철판 마감. 로스터리에 따른 콩의 변화를 금속 화학반응으로 판단할 수 있는 걸까?

카운터에 놓여있는 5 × 5 매스의 볶은 커피콩 샘플 케이스.

카페에 들어가는 포석은 다실(茶室) 골목을 연상시키는 징검다리로 구성되어 있다.

'커피를 처방하는 약국' 이라는 이 카페는 한 알, 한 알을 각 손님에게 정중하게 처방하는 것을 중요시하고 있다. 그 정신을 나타내듯 로스터리 별도로 커피콩을 보여주는 샘플 케이스가 로고마크이다. 커피를 좋아하는 사람은 물론, 도시에서 잃기 쉬운 느긋한 시간의 흐름을 찾는 사람들을 받아들이는 그릇처럼 설계되어 있다. 그 결과, 거리와의 관계를 극한까지 단절하는 방법을 취한 것은 아닐까?

column 1 시기를 설계하다

설계자라면 누구나 장소와의 관계를 생각하면서 설계하기 마련입니다. 저는 항상 '개방' 을 염두에 두고 있습니다. 로직이라고 말하기에는 아직 서투르기 때문에(그것은 지금도 모색하고 있습니다), 이것은 제 설계에 대한 기본자세라고도 말할 수 있습니다.

물론 주택이나 다른 건축물을 생각할 때도 그렇지만, 특히 카페에 관해서는 상업시설로서의 실속을 생각하기 전에 도시나 거리, 건물 등의 공간이 구별되지 않는 듯한 본연의 모습을 중요시하고 싶습니다. 그것은 제가 애초에 카페라는 장소를 단지 커피를 제공하거나, 한숨 쉬어가기 위한 장소가 아니라 바리스타나 손님, 그 지역 사람들이나 먼 곳에서 온 사람 등, 소속이나 입장과 관계없이 커피를 통해 각자에게 특별한 경험이 가능한 공간이 되었으면 하고 바라기 때문입니다.

예를 들면, 외부에서도 내부의 분주한 모습이 느껴진다든가, 거리와 일체 된 듯한 공간 조성, 이것을 '시기의 설계' 라고 불러볼까 합니다.

다행히 카페를 포함해서 지금까지 적지 않은 수의 건축 · 공간을 설계해왔고, 각각 나름대로 '시기의 설계' 를 실천할 수 있었습니다. 1. **환경을 빌리다에서** 소개한 'Dandelion Chocolate, Kamakura' 도 그중 하나입니다.

'시기의 설계'를 위해서는 우선 장소의 특성을 찾아낼 필요가 있는데, 그중에서도 ' 바뀌면 안 될 것 '을 판단하는 일이 중요합니다. 이를 위해서 처음 현장을 보러 갈 때는 항상 순수한 마음으로 임할 수 있도록 항상 명심하고 있습니다.

'Dandelion Chocolate, Kamakura' 의 경우, 눈앞의 계단에서 부지를 뽑아내는 생활동선이 바뀌면 안 되는 특성이라고 처음부터 판단했습니다. 따라서 새로이 만드는 카페가 이 생활동선에 끌려들어 가서 일상의 일부로 녹아든다......라는 이미지가 바로 굳어졌고, 설계를 진행하기도 수월했습니다. 이곳에서는 시기의 생활동선 설계를 시도했습니다. 그 결과, 준공한 뒤 몇 년이 지난 지금, 실제로 다양한 사람이 모여서 이야기를 주고받는 그런 풍경이 만들어질 수 있었던 것은 아닐까 생각합니다.

한편, 같은 시기에 준공한 Puddle의 현 사무소는 '시기의 설계' 에 의해 설계 사무소의 새로운 모습을 기대하게 했던, 그런 건축이었습니다.

Puddle의 현 사무소는 설립 40년 이상의 3층짜리 철골구조 건물의 1층을 리노베이션 한 프로젝트였습니다. 요요기 공원과 시부야역 사이에 있는 카미야마 스트리트는 작은 상점이 활기를 띠는 통칭 '오쿠 시부(구석의 시부야)' 라고 불리는 상업 지역과 한적한 주택가가 이웃해있는 도심이지만 차분한 분위기가 느껴지는 거리로, 부지는 이 상업 지역에서 주거지역으로 이어지는 오르막 중간에 있습니다.

본래 부지의 오너는 기존 건축물을 철거하

고 신축을 검토하고 있었습니다. 당시 사무소를 찾던 나는 이 부지의 특성에 반해 오너와 직접 담판을 지었고, 빌리기로 결정했습니다.

이곳이 상업 지역과 주거지역의 여러 가지 기능이 집중되는 접촉 지점이 될 수 있도록 사무소 입구를 시기를 파악한 뒤 설계했습니다. 원래 차고였던 1층 사무소 부분의 큰 입구를 살린 유리 외관은 거리에서도 입구에 배치한 앞길이 겹치는 부분과 에스프레소 머신을 갖춘 키친이 잘 보입니다. 인근 주민이나 아는 사람이 카페 앞을 지나면 창문 너머로도 인사를 나눌 수 있는, 시각적으로도 감각적으로도 거리와 일체가 된 듯한 개방적인 분위기가 감돌고 있습니다. 설계 작업에 몰두하면 아무래도 사무소 안에서 폐쇄적인 분위기가 되기 쉬운데, 이곳에서는 문득 고개를 들면 외부의 모습이 느껴지고, 우리가 거리의 일부임을 느낄 수 있습니다.

지금은 아직 설계 사무소의 역할만 하고 있지만 언젠가는 더욱더 거리를 향해 열려있는 장소로 활용할 수 있었으면, 더욱이 중간적인 장소가 되었으면 좋겠다고 생각합니다.

늘 '개방' 을 염두에 두고 설계해 온 저에게 있어서 3. 외부와의 관계를 끊는다는 깊은 흥미를 불러일으키는 기법이었습니다. 상업 건축물인 카페 공간에서 '폐쇄적' 이라는 선택을 한 오너와 설계자는 앞을 내다보았다고 생각합니다. 물론 인터넷이 보급됨에 따라 이미 카페를 사람들에게 알리기 위해서 거리에 개방할 필요가 없고, 누군가에게 무엇을 전달하려는 강한 콘셉트와 더 특별한 공간 체험을 목표로 하고 있다면, 이러한 폐쇄적인 공간도 하나의 해답이 될 수 있을 것입니다. 사례의 수가 이런 종류의 카페 공간설계의 어려움을 말해주고 있지만, 앞으로 다가올 시대에는 도시와 사람이 관계를 맺을 수 있는 장소로써 카페가 더 주류화될 그것으로 생각하는 한편, 그것만이 아닌 관계 맺는 방법을 제안할 수 있도록 설계자로서 계속 배워나가야 한다고 생각합니다.

Puddle 사무소 (2017년 준공, 도쿄도 시부야구)

— 2부 —

People
사람과의 관계

매력적인 카페 공간에는 '들어가 보고 싶다.' 라고 생각이 드는 장치가 있다. 예를 들면, 카페 안에 있는 손님이 즐거워하는 모습이 보인다거나, 다른 손님과 너무 가깝지 않고 혼자서 차분히 있을 수 있는 분위기가 느껴지는 것, 물론 독특하고 재미있는 디자인이 눈길을 끄는 일도 있다고 생각한다. 손님은 반드시 카페에서 보내는 자신의 모습을 상상하고 있을 것이다.

2부에서는 사람을 끌고자 하는 디자인적인 아이디어가 보이는 카페 14곳을 소개한다. 다음 세 가지 관점에서 불특정 다수의 사람이 모이는 카페 공간에서 친밀성 있는 디자인에 관해 해석해보고자 한다.

1. 사람이 만드는 파사드

공간을 둘러싸듯 사람이 머물고, 사람이 파사드의 일부가 되는 카페. 창가나 카페 주변에 좌석을 배치하는 것이 특징이다.

2. 사람을 환대하는 거리

사람 사이의 거리를 주축으로 디자인한 카페. 오리지널 가구와 협소한 지역에서 공간 나누기에 관한 연구가 엿보인다.

3. 생업의 곱셈

다른 용도가 공존하는 카페. 카페와 주거지가 같거나, 다른 업종을 복합한 모습을 볼 수 있다.

20 밀어 올리는 창문이 있는 도심 속 작은 툇마루

Elephant Grounds Star Street (중국 · 홍콩)
– Kevin Poon collaboration whit JJ Acuna

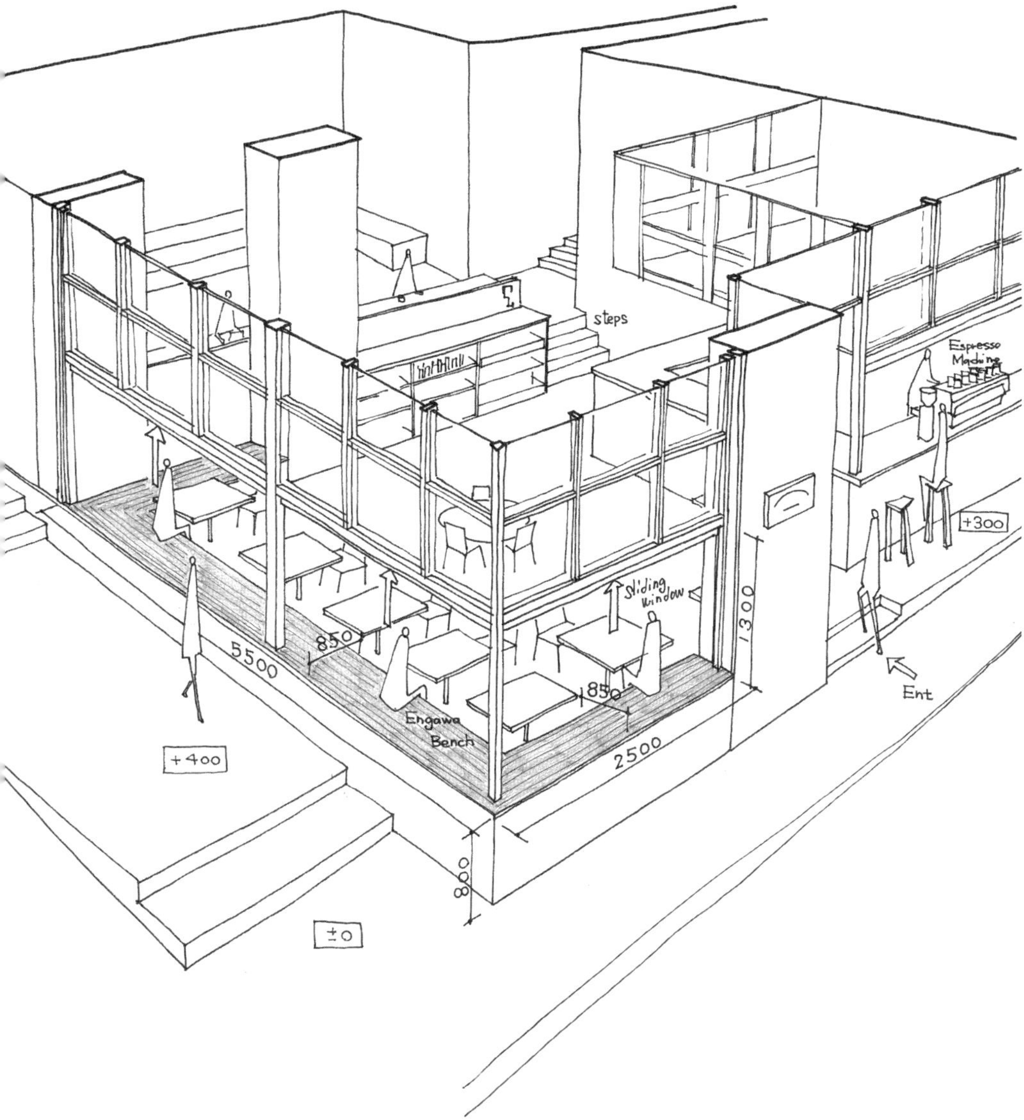

홍콩 대로에서 옆길로 빠져서 언덕길을 따라가다 보면 모퉁이에 이 카페가 있다. 거리 쪽 두 면에는 맞춤 제작 미닫이 창문이 설치되어 있고, 창문과 맞추어서 툇마루 같은 벤치가 설계되어 있다. 카페 내부에서 시간을 보내는 손님의 모습을 외부에 표출하는 개성적인 파사드가 밀집한 빌딩들 사이에서 '시원하게 탁 트인 공간'을 만들어낸다.

홍콩 윙 펑 스트리트에 위치한 카페. 섬 정상에 방향으로 향하는 언덕길(사진 좌측)에 접하고 있고, 툇마루 같은 벤치가 있다. 사진 우측 절반은 셋백한 유리면 뒤에 커피 카운터가 보이고, 이 카운터 옆쪽을 통해 카페 내부로 들어간다.

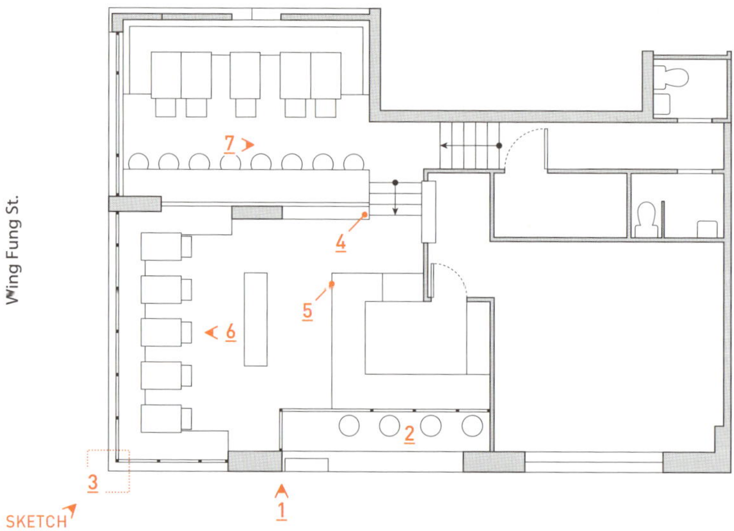

커피 카운터 외부에 설치된 코끼리를 떠올리게 하는 스툴.

밀어 올리는 창문 코너 부분을 외부에서 올려다본 모습.

구리관으로 만들어진 셀프서비스 음료용 수도꼭지.

헤링본 바닥 줄눈에 맞춰서 설치된 검은색 카운터.

카페 내부에서 툇마루처럼 생긴 벤치 너머로 전면도로의 언덕길이 보인다.

높은 테이블이 설치된 바닥이 높은 좌석에서 카페 내부 전체를 바라볼 수 있는 구성.

밀어 올리는 창문을 열면 간편하게 툇마루 같은 공간이 탄생한다. 대로의 소음을 벗어난 거리에 새로운 풍경을 만들어낸다. 창문을 열지 못하는 고층 빌딩, 아파트가 밀집한 곳에서 두 거리에 접한 바람이 통하는 툇마루 같은 벤치는 지역주민과 관광객의 휴식처가 되고 있다. 또, 취재 중에 갑자기 폭우가 내리기 시작했는데, 밀어 올리는 창문을 순식간에 닫을 수 있었고, 우수한 장치라고 생각한다.

21 현대판 파리의 오픈테라스

KB CAFESHOP by KB COFFEE ROASTERS (프랑스 파리)

—KB Team

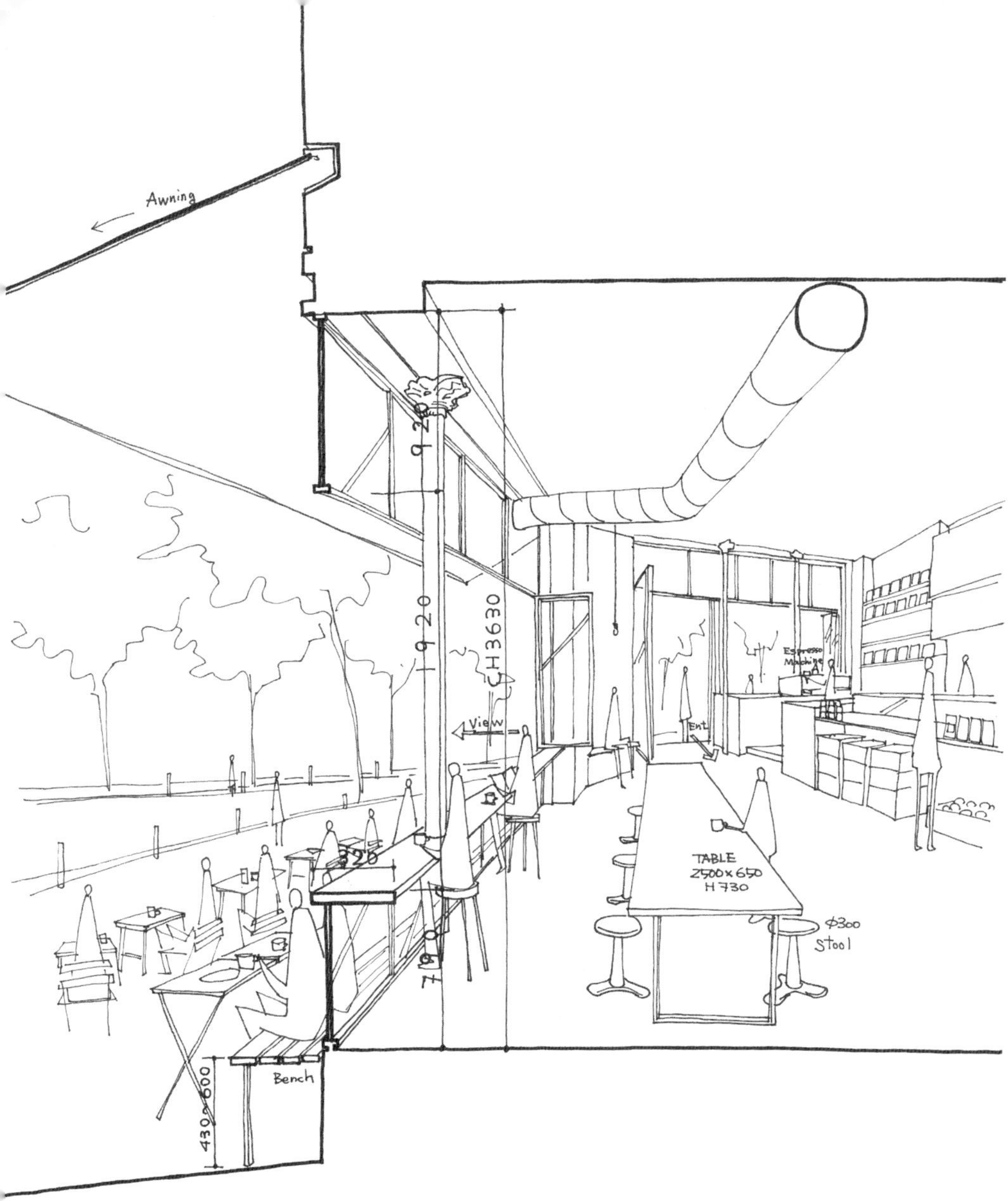

파리 거리의 통일된 흰 벽 사이에서 검은 철판의 외관과 하늘색 어닝이 눈길을 끈다. 완만한 경사가 있는 모퉁이의 특성을 이용했기 때문에 입구, 창가석, 오픈 테라스의 레벨이 모두 다르다. 그래서 다양한 사람의 얼굴이 보이는 활기찬 파사드를 만드는 카페이다. 전통적인 파리 오픈 테라스의 리디자인이라고 말할 수 있다.

파리 9구 Trudaine 거리에서 Rue de Martyrs 거리에 접한 카페. 준공 100년 이상 된 건물의 1층 길 모퉁이에 세련된 젊은이들과 가족이 모여있다. 흰색으로 칠해진 높은 천장이 있는 카페 안으로 들어가면, 직접 만든 듯한 목제 키친이 손님을 맞이한다.

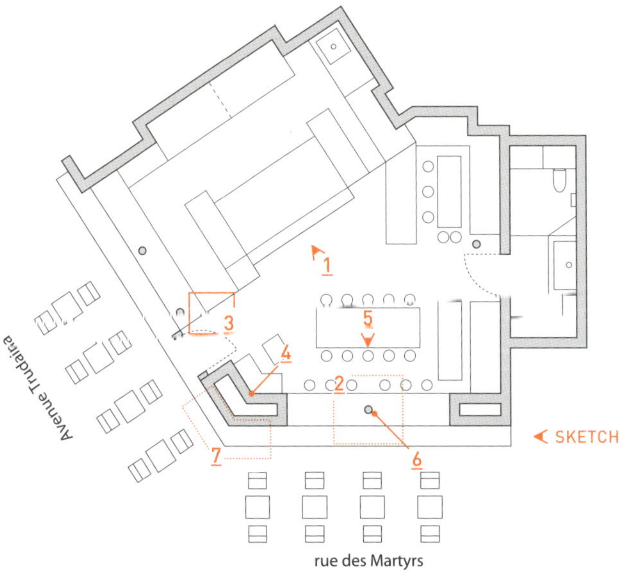

2 외관 새시의 검은색과 천장의 흰색이 대비되어 칠해진 오너먼트.

3 집성재 바리스타 카운터. 키친 바닥을 200mm 높게 만들었다.

4 L자 모양 벤치의 뒤쪽 벽은 허리보다 높은 상부를 벗겨내서 러프하게 디자인했다.

5 검게 드리워진 창가석에서 외부를 본 모습.

6 기존의 기둥이 관통하는 안길이 400mm의 창가 카운터석.

7 심플한 어닝과 상부의 데커레이티브 한 벽이 좋은 대비를 만들어낸다.

꽃의 도시 파리. 이 아름다운 거리 풍경은 19세기의 '파리 개조 사업' 에 의해 계획적으로 정비된 덕분이다. 수많은 건물을 허물고, 높이와 지붕의 경사, 발코니의 위치, 건축 자재 등을 규정하고 재건했다. 그 역사적인 건물을 어떻게 남기고 인수인계해서 새로운 풍경을 만들어내는 걸까? 이 카페는 굳이 기존의 건축물을 답습하지 않고, 의도적으로 검은 철판만으로 심플하게 마무리했다. 이 현대적인 파사드가 사람이 하는 일을 강조하는 프레임 역할을 하는 것은 아닐까?

22 거리로 이어지는 사우나식 벤치

HIGUMA Doughnuts X Coffee Wright 오모테산도 (도쿄도 · 시부야구)
—CHAB DESIGN

대로에 접한 거대한 유리 미닫이문을 열면, 마치 사우나 같은 계단 모양의 카페가 나타난다. 좌석은 도로 레벨에서 계단식으로 안으로 파고들 수 있다는 점이 특징이다. 가장 높은 벤치 자리는 미닫이 문을 통해서 밖까지 이어져 있는 툇마루 같은 구조로, 손님이 각자 마음에 드는 자리에서 휴식을 취하고, 이야기를 나누는 다양한 표정을 파사드에 만들어낸다.

시부야구 진구마에의 주택가에 있다. 미닫이 새시의 높이에 맞춘 튀어나온 벤치는 단관 파이프로 고정되어 있다. 건물 내부는 목조 골격으로, 구조를 숨기지 않고 아름답게 보여준다. 오른쪽의 통로는 부지 안쪽으로 이어지는 진입로이다. 시선이 카페를 통해서 안쪽 정원까지 이어진다.

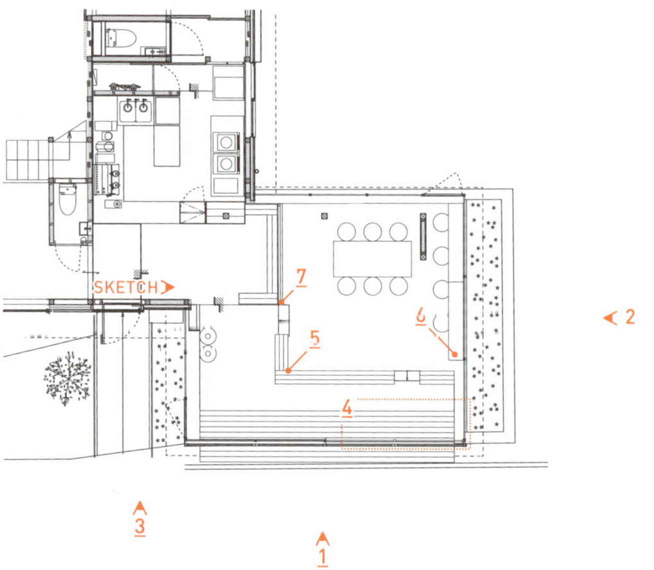

2 외관 사인은 높이 455mm의 외장재에 맞추어서 카페 이름이 아닌 상품을 기입했다.

3 입구까지 레벨 차이를 해소하기 위해서 설치한 단관 파이프와 줄무늬 강판의 심플한 슬로프.

격자 모양으로 짠 목조 집성재 보와 유리 새시의 심플한 마감이 해방감을 자아낸다.

5 통로 레벨에서 안으로 파고들 수 있는 통로 겸 의자. 의자 아래는 수납장으로 사용하고 있다.

6 새시 밑부분을 이용한 폭 340mm의 카운터석.

7 입구의 슬로프나 벤치를 지탱하는 단관 파이프는 실내에서는 목재와 함께 손잡이로 이용한다.

원래는 준공 60년 된 불법 건축물이었으나, 지역 행정에 따라 '미나가와 빌리지' 로 다시 태어났다. 그 얼굴이라고 말할 수 있는 커뮤니티 카페의 기능을 담당하는 도넛 & 커피숍. 바닥 레벨을 낮춤으로써 천장 높이를 높게 잡았다. 이 건물의 장점을 살리는 미니멀한 설계 기법이 콘크리트와 베니어와 단관 파이프라는 어디서나 구할 수 있는 건축 자재와 재료로, 어디에도 없는 개방적인 카페를 주택가에 만들어냈다.

23 스트리트 퍼니처가 만드는 거리의 얼굴

산토미 센터 (교토부 · 교토시)
— cafe co.

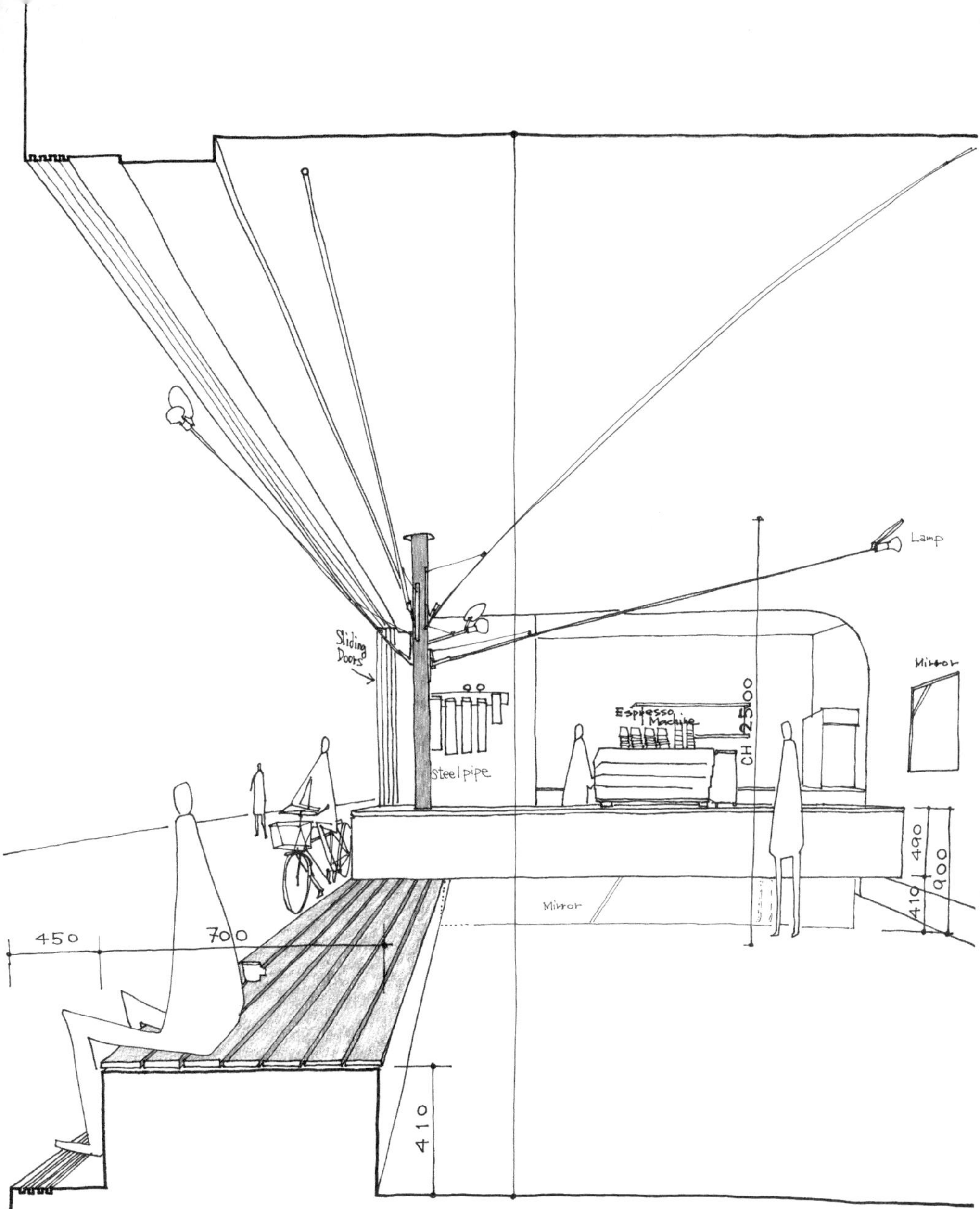

미용실 디자이너가 원래 운영하던 미용실을 카페로 바꾸었다. 각이 없는 흰색 벽과 천장으로 둘러싸인 실내는 4장의 유리 미닫이문과 충분한 너비의 벤치에 의해서 거리와 적극적으로 이어진다. 떠 있는 듯한 바리스타 카운터와 직각으로 만나는 벤치가 스트리트 퍼니처의 역할을 하고 있으므로, 손님은 자리에 앉은 후에야 자신이 카페에 있다는 사실을 깨달을지도 모른다.

산조 거리와 토미오 거리가 교차하는 모퉁이에 있는 카페. 토미오 거리 쪽에 큰 유리 창문을 열면 크고 육중한 벤치가 나타나 스트리트 퍼니처로 변하면서 카페 전체가 거리와 일체화된다. 카운터의 둥근 기둥에서 이어지는 특별 제작한 간접조명이 네모지고 심플한 파사드에 포인트가 된다.

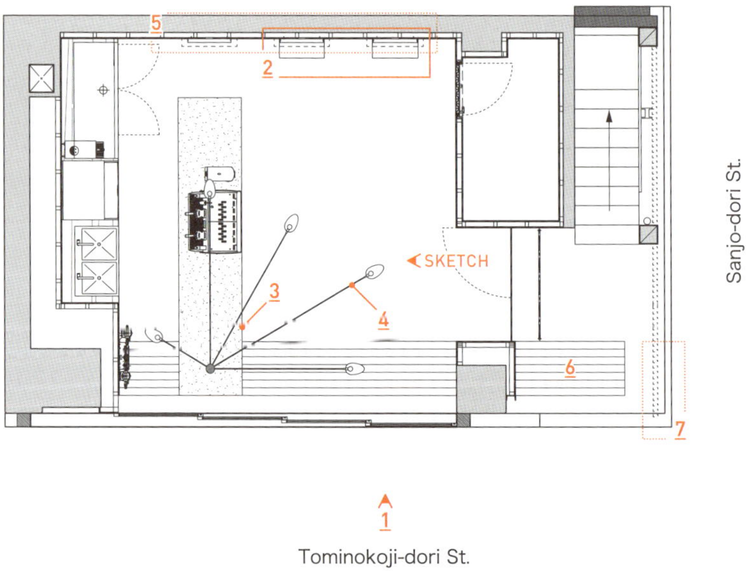

2

전에 이곳에 미용실이 있었다는 사실을 알려주기 위해 새롭게 디자인한 거울, 스툴, 조명 세트.

3

벤치 위에 쌓여있는 것처럼 보이는 카운터. 하부에 거울이 붙어있기 때문에 카운터가 떠 있는 것처럼 보인다.

4

카운터에서 천장까지 이어진 기둥에서 나뭇가지처럼 뻗어 나가는 상징적인 브래킷 조명.

5

곡면의 흰 벽에 비추는 간접조명의 빛이 공간을 부드럽게 만들어준다.

6

건물을 뚫고 입구 옆까지 이어진 벤치가 손님을 불러들인다.

7

미용실이었던 기억을 남기기 위해서 새로 설치한 사인볼은 커피 & 밀크를 뜻하는 카페라테 색이다.

이 카페가 지역의 중심이 될 수 있기를 바라며, '산토미 센터' 로 이름을 지었다고 들었다. 단순하게 개방적이고 활기찬 카페가 아니라, 나무 그늘에서 살짝 휴식을 취할 수 있는 장소를 목표로 한 것은 아닐까? 스틸 조명기구가 마치 나무처럼 생겼다. 거리로 나와 있는 벤치에 손님뿐만 아니라 지나가는 행인도 앉고, 자전거를 카페 앞에 대고 테이크아웃을 하는 단골손님의 모습도 보인다. '센터' 라는 이름에 걸맞은 카페가 탄생했다고 생각한다.

24 4개의 다리를 가진 카운터

Bonanza Coffee Heroes (독일 · 베를린)
— Bonanza and Onno Donkers

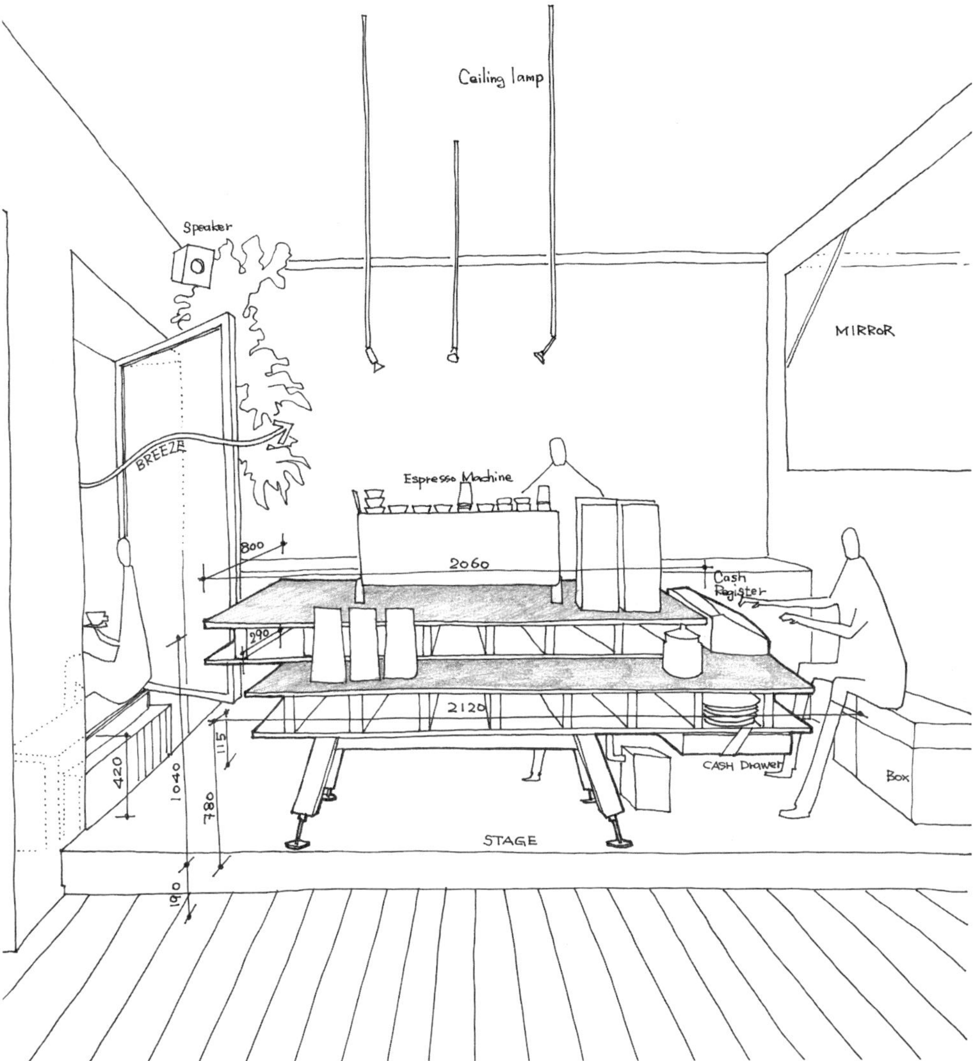

이 카페에는 손님과 바리스타 사이를 가로막는 이른바 '카운터'가 없다. 그 대신에 운송용 팔레트를 떠올리는 4개의 다리를 가진 '테이블'형 카운터와 불과 높이 190mm밖에 되지 않는 바닥과의 단차이가 있을 뿐이다. 이 테이블이 집에서 커피를 마실 때처럼 부담 없는 커뮤니케이션을 유발하는 장치이자, 이 카페의 개성이다.

베를린 오데르베르거 거리의 폭넓은 보도에 접해있다. 가로수를 둘러싸듯 벤치, 테이블이 고정 배치되어 있다. 외벽은 기존 건물의 색을 유지하고, 입구 상단에 필기체 네온사인만이 설치되어 있다. 있는 것을 살려 공존해가는 베를린다운 인상을 받는다.

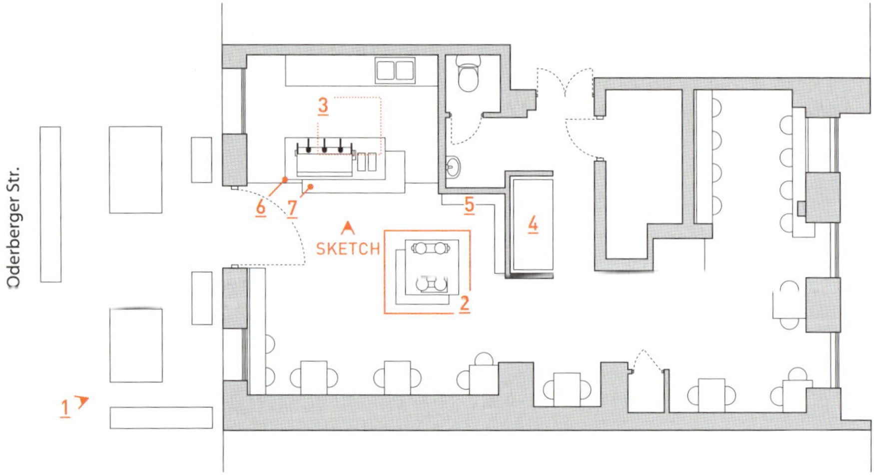

2

메인테이블과 똑같이 4개의 다리를 가진 핸드드립 테이블. 손님이 테이블을 중심으로 한 바퀴 빙 돌아볼 수 있다.

3

고상하고 날씬한 3개의 스포트라이트가 바리스타를 조용히 비추고 있다.

4

보이는 수납. 배관을 숨기지 않고 디자인의 일부로 표현했다.

5

두 면에 설치한 콘크리트판과 투명 유리를 사용한 미니멀한 디스플레이 보드.

6

적층 합판(구조)에 스테인리스(마감)를 접한 테이블 상단 디테일.

7

500kg 이상도 지탱할 수 있는 다리. 달 착륙선을 연상시키는 날씬한 디테일이 눈을 빼앗는다.

카페를 재건하려는 설계자의 자세를 디테일 하나하나에서 읽을 수 있다. 베를린이라는 도시의 지역성이기도 한 '기존의 것에 대한 존경'과 '기존 개념을 의심하다'라는 철학을 순수한 설계 기법으로 해석하고 있음에 공감한다. 특히 오더 카운터가 따로 없는 4개의 다리를 가진 테이블형 카운터는 정말 훌륭하다. 이 카페가 생긴 시기가 13년 전(2019년 기준)이라고 생각하면 그 선견지명에 놀랄 수밖에 없다.

25 하얀 공간에 있는 하나의 '길'

A COFFEE (오스트레일리아 · 멜버른)

– Frankie Tan, Joshua Crasti, Nick Chen, Byoung-woo kang

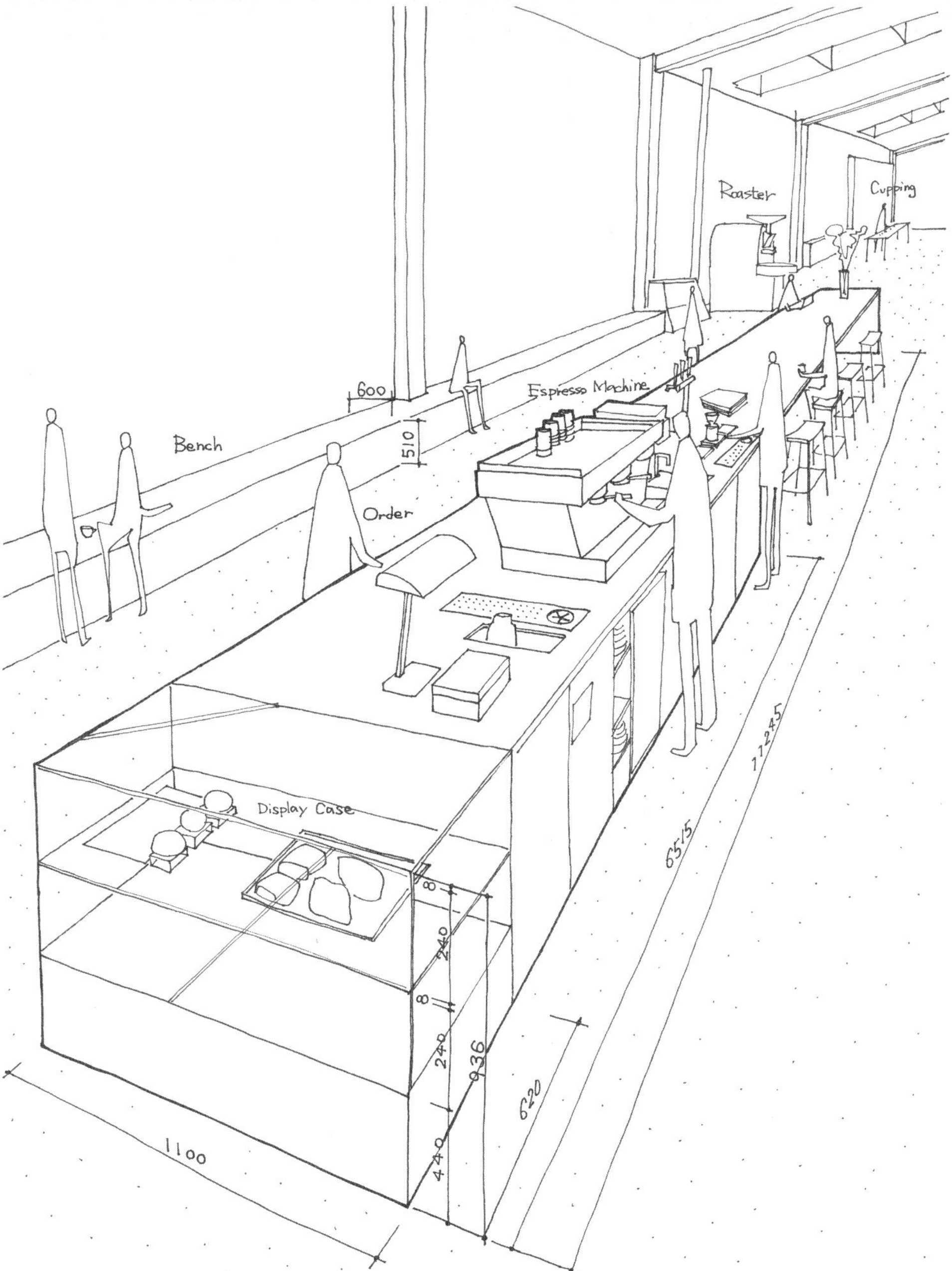

스트라이프 모양의 톱 라이트에서 빛이 쏟아지는 새하얀 공간의 중앙에 길이 11m의 카운터가 설치되어 있다. 입구 쪽부터 디스플레이 케이스, 주문 공간, 커피 추출 공간, 좌석과 카페 기능이 하나로 집약된 이 카운터가 커피를 내리고 맛을 보는 심플한 행위와 마주하기 위한 절묘한 거리감을 만들어내고 있다.

멜버른 · 콜링우드에 있는 원래 창고였던 건물을 사용한 카페. 시내에서 조금 떨어진 창고 등 벽돌 구조의 오래된 건물이 많이 남아있는 곳으로, 블루 그레이 벽과 검정 새시가 설치된 차분한 색상의 외관은 새하얀 카페 내부와 대비되게 시공했다.

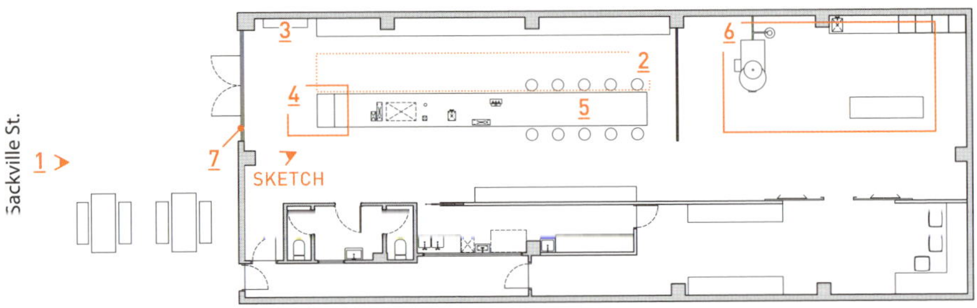

2

일정한 간격으로 늘어선 톱 라이트와 직교하듯 매달린 검정 배선의 덕트 레일.

3

두께 400mm의 합판에 12mm 인공 대리석을 포갠 디스플레이 판. 선반 밑에 설치된 간접조명이 상품을 비춘다.

4

입구 쪽 카운터의 끝부분. 시나 적층 합판과 플로트 유리로 구성된 디스플레이 케이스.

5

카운터 가장 구석에 있는 좌석. 카페 전체가 삼나무 적층 합판의 옅은 나무색과 흰색으로 통일되어 있다.

6

카페 내부 구석의 로스팅 공간도 구분이 없기 때문에 좌석에서 커피콩 볶는 작업을 볼 수 있다.

7

파사드의 유리에 붙여진 떠 있는 듯한 하얀 아크릴로 만든 사인.

오너가 믿는 최고의 커피콩을 최고의 로스팅으로 제공한다...... 순간순간, 하루하루, 일상 속에서 이상적인 커피를 계속해서 제공하기 위해 이 카페는 존재한다. 이 신념 그대로를 형태로 만든 것처럼, 하얀 공간에 카운터 한 개(길)가 깔린 공간이 되었다. 이 엷은 색의 공간에서 커피의 갈색이 두드러진다. '커피의 길(道)' 이라는 것이 있다고 한다면, 이 카페야말로 그 본질에 도달했다고 말할 수 있을지도 모른다.

26 바리스타와 가까워지는 지극히 좁은 2단 카운터

Patricia Coffee Brewers (오스트레일리아 · 멜버른)
— Foolscap Studio

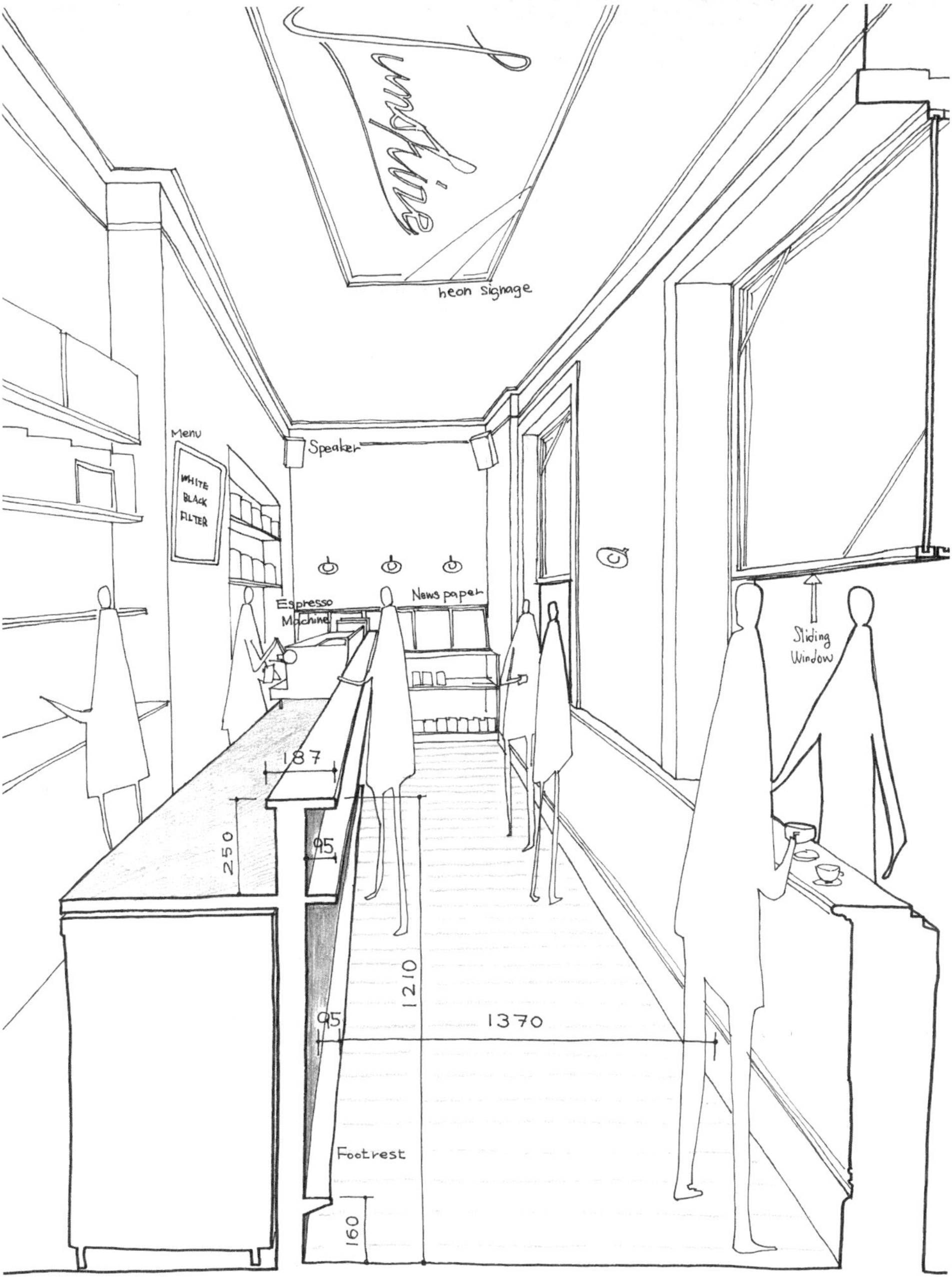

콤팩트한 공간에 많은 바리스타가 비좁게 일하는 스탠딩 카페가 있다. 흰색을 기초로 한 카페 입구에서 주문하고, 대리석 카운터를 따라 구석까지 들어간다. 스탠딩용으로 높게 세팅된 2단 구성의 바리스타 카운터는 상단이 서브용, 하단이 손님용으로 설계되어 있으며, 이 좁은 폭의 카운터가 바리스타와 손님의 거리를 가깝게 만든다.

멜버른 · 윌리엄 스트리트 골목의 모퉁이에 있다. 그레이로 칠해진 외벽에 열려있는 좁고 긴 미닫이 창문에서 인기척이 엿보인다. 하지만 언뜻 보기에는 간판 사인도 입구도 보이지 않는다. 카페에 들어가려면 사진 왼쪽에 있는 작은 검은색 문을 찾아야 한다.

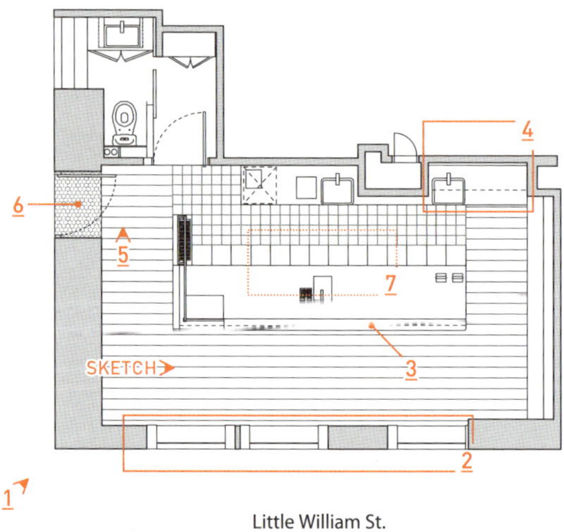

2 테이블석이 없는 카페 내부에서는 창가가 미니멀한 스탠딩 테이블로 사용된다.

3 목재를 가늘고 길게 붙인 카운터에는 아주 작은 발판이 있다.

4 흰색 타일과 커피포트가 늘어서 있는 카운터 뒤쪽은 흰색으로 통일되어 있다.

5 검은색 입구 문에 설치된 사인. 옆에 있는 대조적인 흰색 문은 화장실 문이다.

6 입구 바닥에 'STANDING ROOM ONLY' 라는 주의 사항을 육각 타일로 표현하고 있다.

7 천장에 아크릴과 네온사인 조명이 매달려있다. 그러나 이 문구는 카페 이름이 아니다.

혼잡할 때는 좁은 가게에 사람이 넘쳐나므로, 마치 펍이나 바처럼 활기를 띠는 카페. 벽을 향해 서서 커피콩을 가는 바리스타. 바리스타와 대화를 즐기면서 커피를 마시는 손님. 그리고 창가에서 밖을 바라보면서 커피를 마시는 손님. 4줄로 늘어선 듯한 사람의 층이 만들어내는 카페 내부 분위기. 그 모습을 사인도 없는 심플한 그레이 파사드가 더욱 인상적으로 보이게 한다.

27 모르타르 단상

NO COFFEE (후쿠오카현 · 후쿠오카시)

— 14sd / Fourteen stones design

작은 카페의 내부는 바닥과 같은 모르타르로 마감된 크고 작은 덩어리로 구성되어 있다. 가장 높은 바리스타 카운터에서 모두 하나로 이어진 모르타르 마감의 단차이는 벤치도 되고, 선반도 된다. 이 균일한 공간에서 커피를 내리는 바리스타, 손님, 식물이나 책 등의 프로덕트까지도 똑같이 취급되며, 독특한 일체감을 만들어낸다.

후쿠오카 · 히라오의 주택가 교차로에 있는 맨션의 1층을 리노베이션 한 카페. 눈에 띄게 큰 사인은 없지만, 원래 있던 맨션 입구를 없애고, 외벽에 새로운 입구를 설치했다. 현재는 사용되지 않는 가스 미터기나 실외기는 이 건물이 가진 파사드의 기억으로써 남아있다.

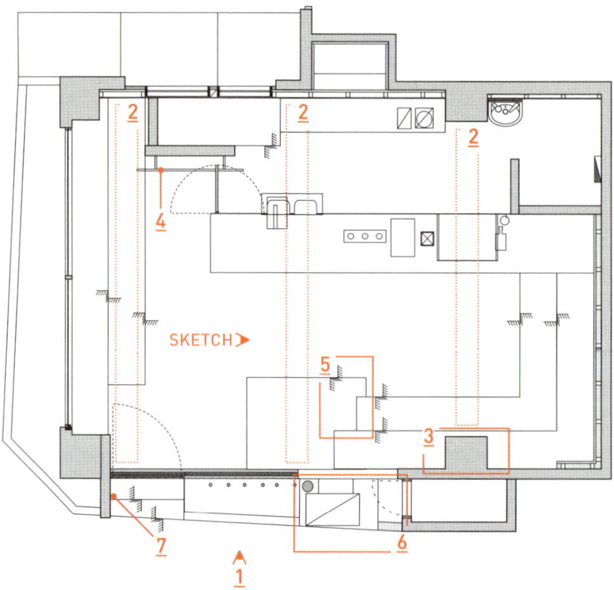

2 조명은 천장 기초인 LGS를 이용한 직관형 LED 램프.

3 모르타르 카운터. 흰색으로 칠해진 벽, 벽체를 벗겨낸 기둥의 대비.

4 벽에서 튀어나온 듯 설치된 놋쇠 도금 행거. 모르타르 등 건조한 소재에 윤기를 준다.

5 높이가 다른 모르타르 벤치가 공간에 리듬을 살린다.

6 실외기, 가스미터기 등, 이전 설치하거나 숨겨야 할 것들을 오히려 파사드에 남겨두었다.

7 놋쇠를 세공한 커피잔을 본뜬 로고 마크. 카페 이름의 이니셜인 n과 c로도 나눌 수 있다.

커피, 사람, 프로덕트가 만나는 공간. 모르타르 단상 위에는 식물이나 책, 예술 작품이 여기저기 흩어져 있고, 손님이 그사이에 앉게 되면 사람과 프로덕트가 매우 가까운 거리에서 공존한다. 불필요한 가스미터기를 파사드에 남겨놓은 점 등을 생각하면, 오너와 디자이너는 이곳에 있는 모든 것을 예술 작품으로 보이게끔 하는 갤러리를 만든 것은 아닐까?

28 어디로든 들어갈 수 있는 좁고 긴 카운터

COFFEE SUPREME TOKYO (도쿄도 · 시부야구)
—SMILIES

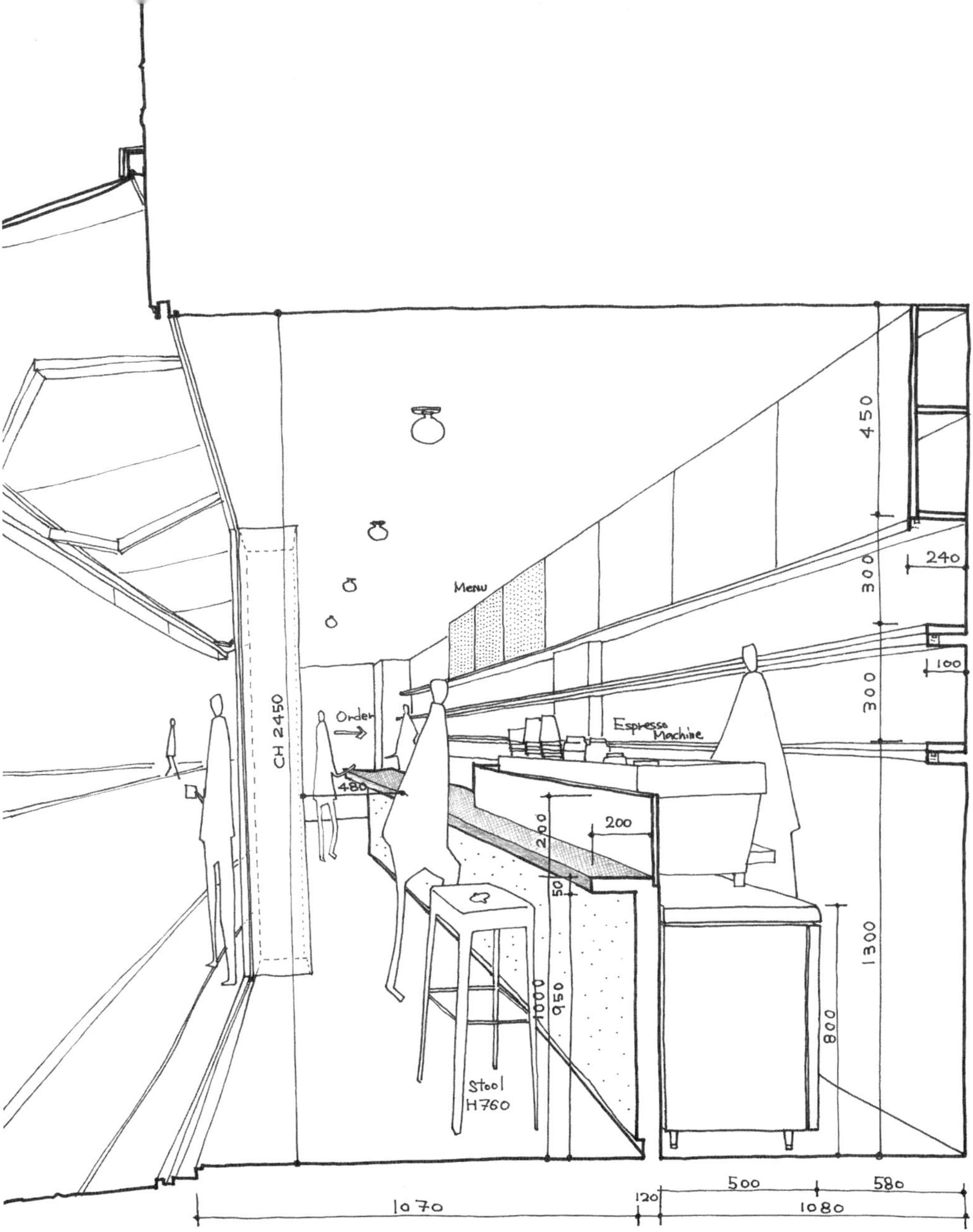

전면도로를 따라 가늘고 긴 부지 모양을 살렸다. 양팔을 펼치면 닿을 듯한 불과 2m 남짓한 깊이의 공간에 중앙을 가로지르는 카운터가 설치되어 있다. 그 중심은 에스프레소 머신을 절반 정도 가린 흰색 나무판이 있는 바리스타 카운터이다. 파사드의 폴딩 도어를 열면, 거리 어디에서나 이 카운터로 접근할 수 있다. 손님과 바리스타의 만남을 극한까지 끌어올린 구성이다.

시부야구 가미야마 죠, 통칭 '오쿠 시부(奧涉: 시부야 뒷길)' 에 있는 뉴질랜드 콘셉트 카페. 3거리에 둘러싸인 좁고 긴 부지에 세워졌으며, 옥상이 있는 3층짜리 협소한 빌딩을 리노베이션 했다. 전면도로를 따라 좁고 길게 뻗은 카운터와 바리스타의 모습이 잘 보여서 카페라는 사실이 일목요연하다.

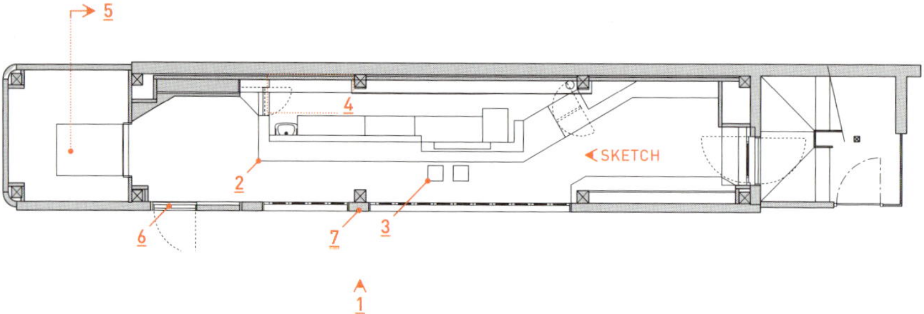

2

콘크리트 바닥의 얕은 줄눈에 맞춰 시공한 응회석 카운터의 디테일.

3

오리지널 흰색 스툴이 응회석의 독특한 색감과 잘 어울린다.

4

수납할 수 있는 문에 구멍을 뚫어서 글자 피스를 끼워 넣은 메뉴판. 브랜드 공통 디자인이다.

5

엘리베이터로 옥상에 올라가면 테라스석이 있고, 작게나마 활기찬 도시를 바라볼 수 있다.

6

브랜드 컬러인 빨간색으로 칠한 문은 기존 문을 이용한 또 하나의 사인이다.

7

로고 마크를 본뜬 오너먼트는 샛시의 색과 맞추어 흰색으로 통일했다.

손님과 바리스타의 만남을 늘리고 싶다. 이것이 이 카페의 가장 중요한 설계 콘셉트라고 추측된다. 기존 건물이 가진 특징적인 깊이와 폭을 살려 거리 어디에서나 접근할 수 있는 폴딩 도어, 한 걸음 발을 디디면 바리스타가 맞아주는 좁고 긴 카운터가 디자인되어 있다. 1층과 옥상에 좌석이 있어서 쉬어갈 수 있는 카페이지만, 거리에 오픈해있어서 테이크아웃을 하는 손님이 많다.

29 ‘협소 건축’의 ‘매우 작은 카운터’

ABOUT LIFE COFFEE BREWERS (도쿄도 · 시부야구)
– 스즈키 카즈시(鈴木一史)

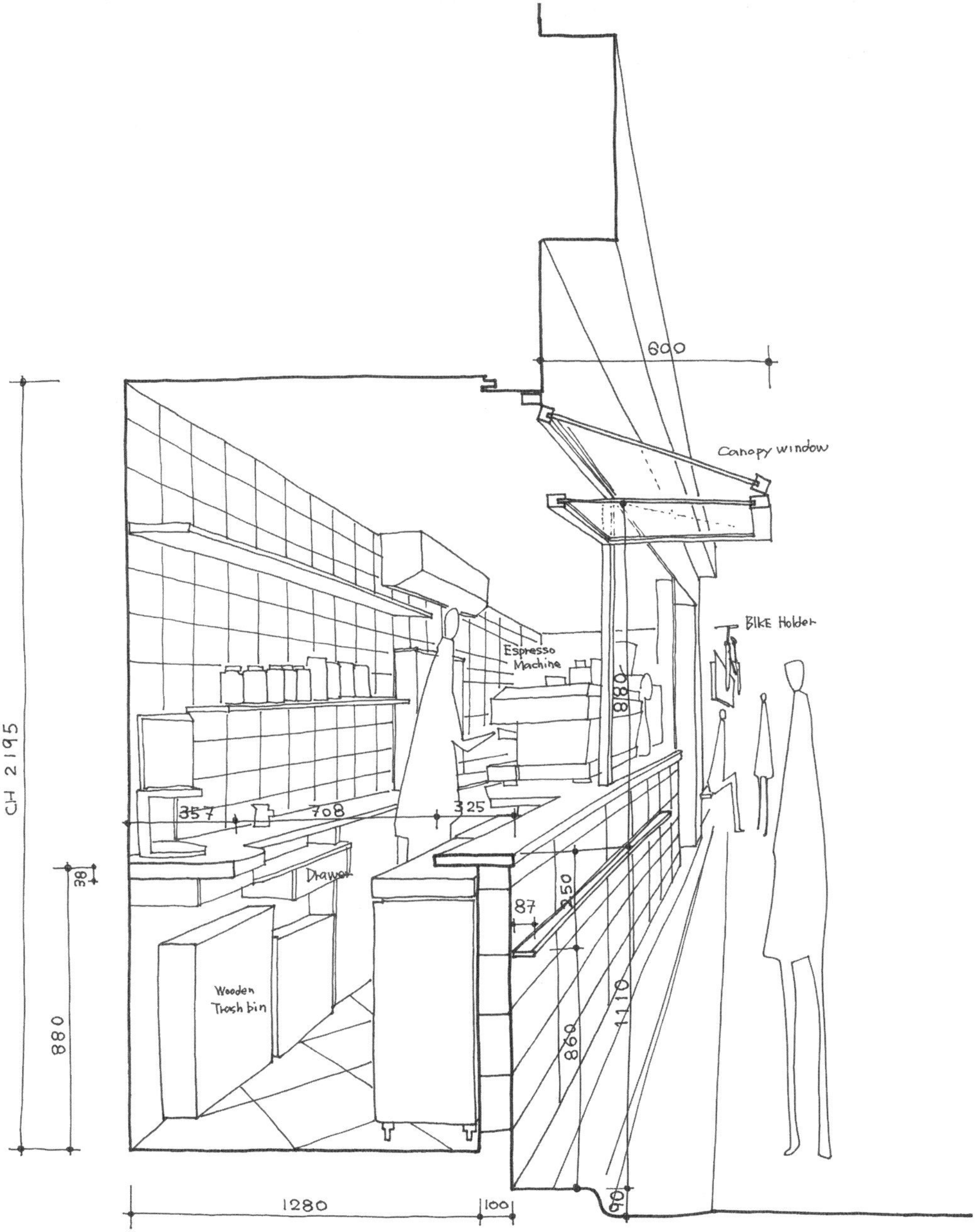

폭 1.5m밖에 되지 않는 협소한 카페. 제한된 내부이지만, 카운터를 극소화하여 카페의 약 절반을 스탠딩 석으로 만들었다. 차양을 겸한 맞춤 제작한 밀어 올리는 유리창이나 메뉴 사인, 외벽의 벤치 등 섬세한 모습들이 카페 사이즈와 잘 어울리며, 손님과 바리스타의 커뮤니케이션을 유도해서 활기찬 카페의 얼굴을 만들어준다.

1

부야구 도겐자카를 따라가다 보면 모퉁이에 위치한 작은 건물 1층에 있다. 인접한 편의점 간판과 높이를 맞춘 흰색 테두리가 카페의 작은 크기를 더욱 강조한다. 도겐자카와 직교하는 거리 쪽 빌딩 외벽에는 자전거 전용 걸이와 벤치가 설치되어 있는 등, 좁지만 아이디어가 엿보이고 건물 전체를 잘 다루고 있다.

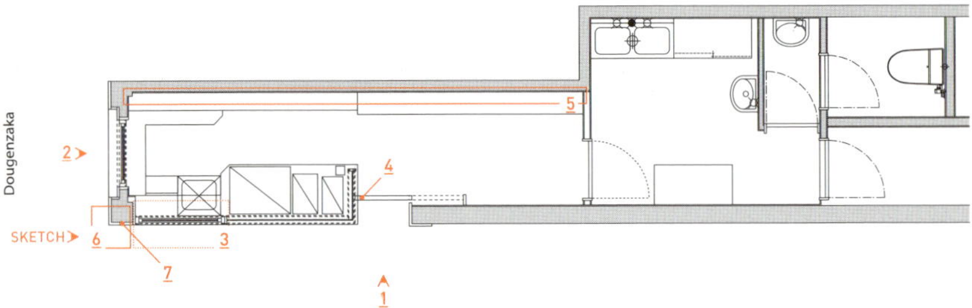

도겐자야 쪽 창문은 바리스타의 작업 공간과 거의 같은 폭이다.

바리스타 카운터의 창문은 밀어 올릴 수 있고, 영업 중에는 투명한 차양 역할도 한다.

입구 도어 손잡이가 널빤지를 잡는 듯한 유니크한 디테일.

벽면, 상판을 키친에서 스탠딩 석까지 동일한 소재로 만들었기 때문에, 시각적으로 덜 좁아 보인다.

건물의 외벽을 감싼 아연 도금 철판과 카운터의 콘크리트 블록.

아연 도금 검은색 기둥에 흰색 글씨의 메뉴판. BLACK & WHITE로 짜인 메뉴도 색을 맞춘 것일까?

거리와 카페 사이의 여유 공간도 없고, 폭이 매우 좁은 특수한 장소에서 공간이 좁으면 그에 맞춰서 더 작고 섬세한 기능으로 카페를 파악하고 설계하려는 자세가 엿보인다. 왕래가 잦은 도겐자카에 접해있어서 폭이 좁은 창문에서 주문을 받고 폭이 넓은 쪽 방향에 있는 입구 면에 벤치를 설치해서 손님이 지나가고 또 머무를 수 있도록 세심하게 생각한 파사드이다.

30 담배 가게를 모방한 일상 풍경의 재구성

MAMEBACO (교토부 · 교토시)

메이크 크리에이션

교차로에 있는 1평짜리 협소한 키오스크. 예전부터 도시의 경치 속에 반드시 존재하고 있던 옛날 그대로의 담배 가게에 영감을 받은 이 카페는 어딘가 정겨운 느낌이 든다. 한정된 공간이기 때문에 바리스터 카운터는 쇼케이스를 겸하고 있다. 거리를 향해 드립 커피를 내리는 바리스타와 손님의 모습은 예전과 같은 커뮤니케이션의 장소가 현대에 되살아난 듯 보인다.

교토 · 카라스마 마루타마치 교차로의 북서쪽 모서리에 있던 티켓 판매소를 개조했다. 어딘가 남다른 커피 키오스크. 폭 2m의 협소한 공간이 교차로의 귀퉁이에 만들어졌다. 이 빌딩에는 ATM, 대형 햄버거 체인점이 줄지어 늘어서 있는 가운데, 이 카페는 작지만 거리에 존재감을 나타낸다.

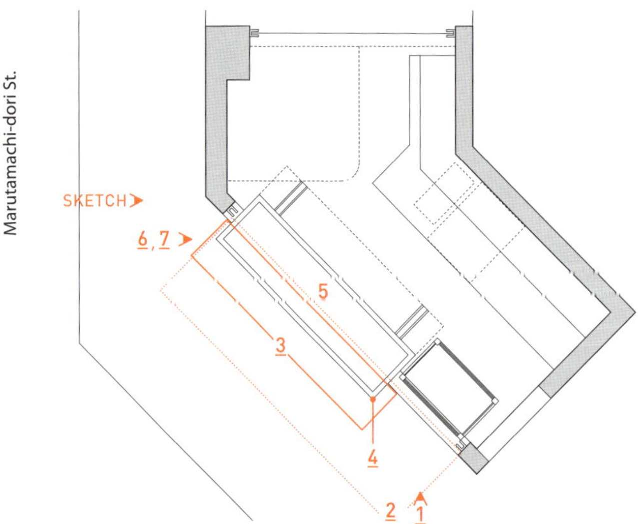

2

길이가 꽤 긴 어닝과 'COFFEE'라는 글자가 옛날 담배 가게를 생생히 떠오르게 한다.

3

카운터 밑 쇼케이스 안에는 담배 패키지를 본뜬 원산지별 커피콩이 진열되어 있다.

4

타일 판매상의 재고였던 모자이크 타일과 빈티지한 놋쇠 마감 프레임이 그리운 추억을 연출한다.

5

거리를 향해서 핸드드립을 내리는 모습에서 손님과의 대화를 소중히 하는 마음을 엿볼 수 있다.

6

카운터는 속에 있는 레일로 셔터 안쪽에 넣어둘 수 있도록 만들었다.

7

폐점 시에 셔터와 어닝을 닫으면, 'COFFEE' 라는 글자만 이 남는다.

그리운 담배 가게의 모습을 한 커피 키오스크......라는 디자인만으로 끝나지 않는 이야기가 있다. 교토에서 엄선한 로스터리 카페를 영업하는 오너는 평소에 거래처의 커피 농장과 커피콩을 정성스럽게 손님에게 전달하며 생산자를 응원하는 일을 계속하고 있다. 이 키오스크도 그것의 하나다. 길모퉁이에 있는 작은 커피 스탠드이지만, 크게는 생산자와 손님을 연결하는 중요한 요소이다. 그런 키오스크가 교토의 거리에 늘어나는 미래를 기대해본다.

31 오너의 작은 우주까지 번지는 환대 공간

CAFE Ryusenkei (가나가와현 神奈川足柄下郡箱根町)
—설계 사무소 ima

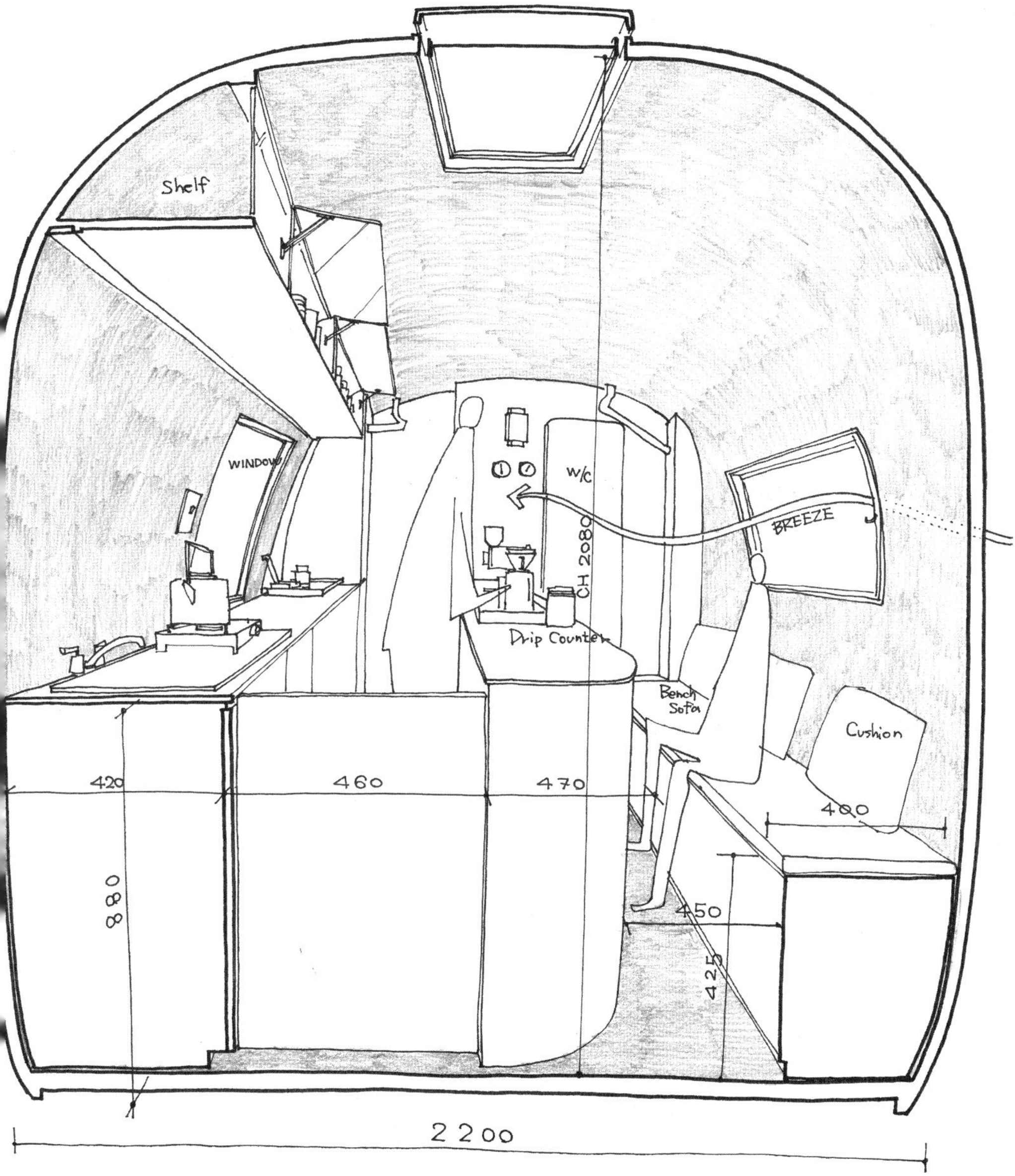

캠핑 트레일러 '에어스트림'을 전기자동차 '리프'로 견인하는 이동식 카페. 카페의 디테일은 모두 오너의 취향에 따라 꾸며져 있고, 그에 따라 환대의 공간이 탄생했다. 차체의 곡선을 잘 살린 곡선 카운터와 L자 모양 소파가 있고, 약 4.2 × 2.2m의 좁은 내부 공간에서 바리스타와 손님뿐만 아니라, 손님들 사이의 거리도 가깝다.

1

2018년 말까지 하코네 로프웨이 소운잔역의 주차장에 있던 이 카페는 현재 하코네 등산 철도 고라역 근교에 숲에 둘러싸인 레스토랑의 주차장으로 이동해서 영업하고 있다. 은빛 곡면 차체에 계절마다 변화하는 경치가 비친다.

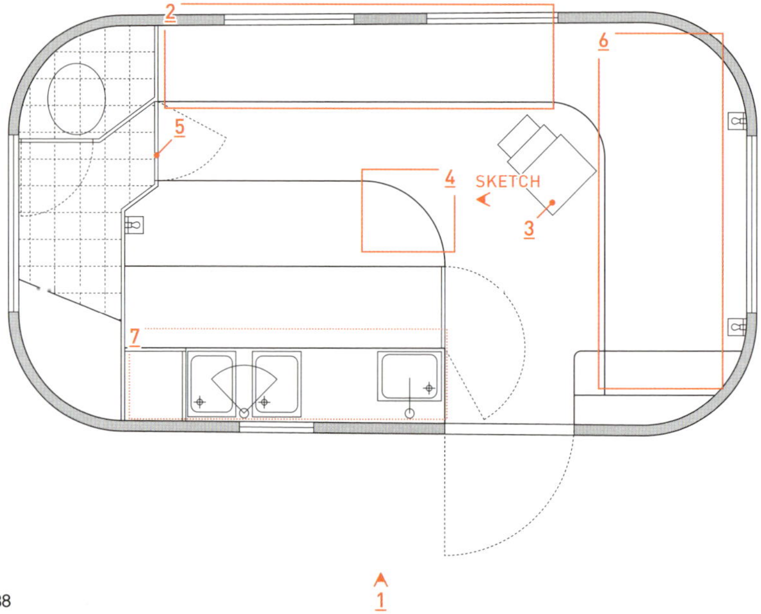

2

따뜻한 느낌이 드는 북유럽의 텍스타일이 외부 경치와의 선명한 대비를 만들어낸다.

3

좁은 내부에서도 편하게 커피를 즐길 수 있도록 겹칠 수 있는 네스트 테이블을 놓았다.

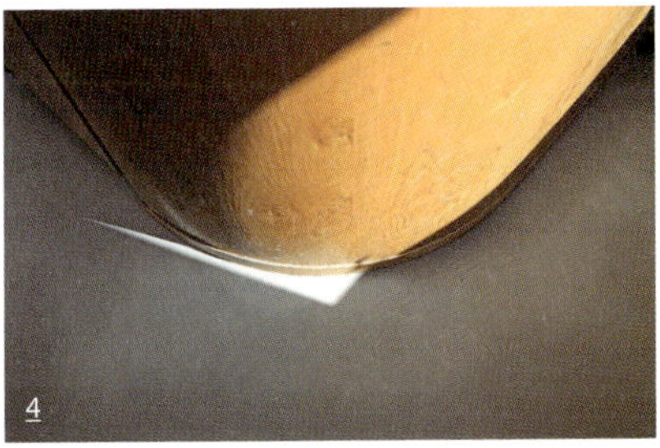

4

차체 모양에 맞춘 둥그스름한 카운터의 디테일.

5

화장실 문에는 산뜻한 블루 멜라민 소재를 사용했다.

6

'에어스트림' 의 뒤쪽 곡선을 살린 소파와 상부 수납장.

7

카운터 뒤쪽 상부를 살린 매달린 수납장. 문은 아크릴로 제작했다.

'이동하는 현대 찻집' 을 콘셉트로 다도에서 중요하게 여기는 [8]좌중건립(一座建立)' 이라는 말 그대로 한 잔의 커피를 위한 공간을 마련했다. 손님과 보내는 시간에 정성을 기울이는 바리스타와 손님이 하나가 된 기분 좋은 시간이 만들어진다. 관광지로 이동하는 카페이기 때문에 단 한 번 손님에게 대접한다고 생각하는 것이다. 하코네의 산들을 거울처럼 비추는 차 안에 한 걸음 들어서면, 오너의 취향을 살린 작은 우주에서 잠시 시간을 잊을 수 있는 장소이다.

8) 일본의 다도나 연극에서 사용하는 말로, 손님을 초대할 때는 할 수 있는 모든 것을 해주려고 노력한다는 의미.

32 생업과 거주의 관계

FINETIME COFFEE ROASTERS (도쿄도 · 세타가야구)
—나루세 이사오 건축 설계 사무소

이곳은 카페이자 오너의 집이다. 외부의 콘크리트 바닥이 가로지르는 1층 카페 좌석 상부에 남몰래 설치된 슬릿이 2층 주거 공간을 틈 사이로 보여주며 각각의 분위기를 서로 느끼게 한다. 차분하게 직장과 주거지 일체를 실현하고 있다. 과도한 디자인이나 사인을 설치하지 않은 파사드에서 오너 일가족의 삶이나 생활을 소중히 여기는 자세를 읽을 수 있다.

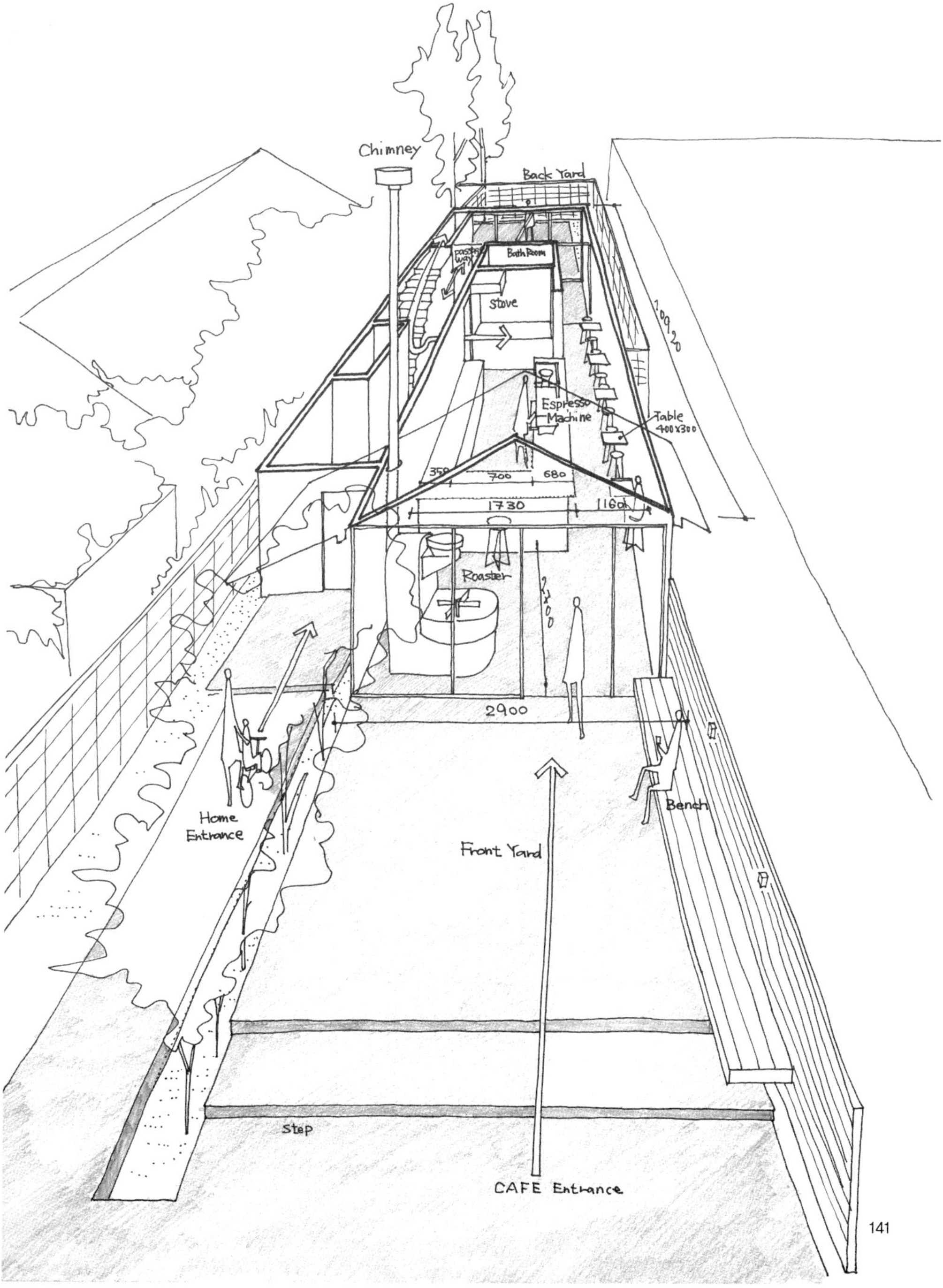

역에 가까운 주택가에 있는 목조주택을 리노베이션 했다. 기존 주택다운 외관을 살렸고, 하늘을 향해 뻗은 굴뚝이 오너의 생업을 알리는 사인이 되기도 한다. 셋백한 전면 부지는 벤치만 놓여있는 평온한 카페의 입구이다. 익숙한 올리브 나무가 카페와 주거 공간으로의 접근을 나누는 느슨한 경계이다.

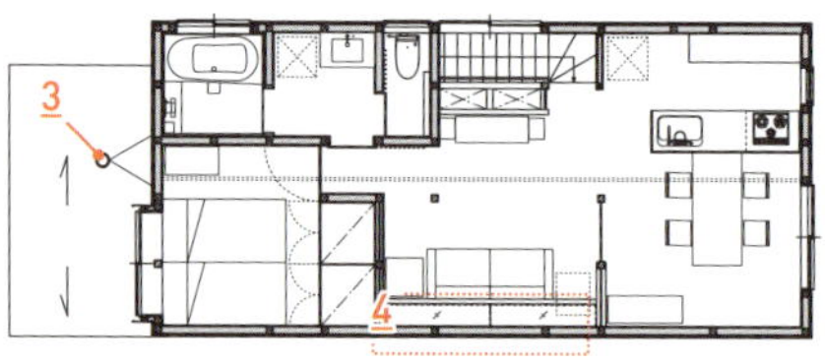

2F

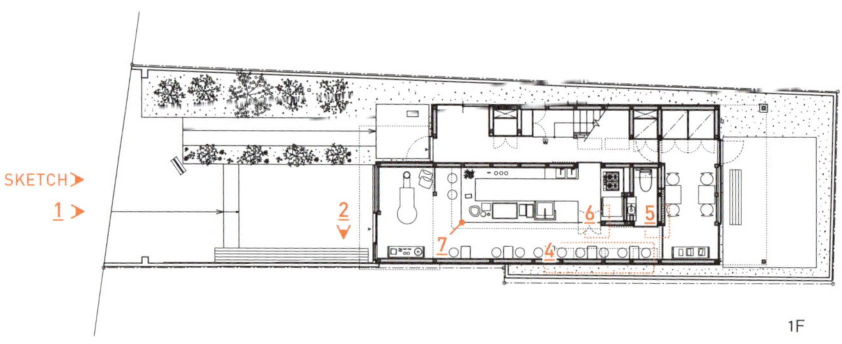

1F

벽과 같은 색으로 칠해진 떠 있는 듯한 목제 벤치.

연기가 들어오지 않도록 로스팅 기계에서 그대로 바로 하늘을 향해 올린 굴뚝이 카페의 아이콘이 되었다.

좌석에서 올려다보면 클리어 유리 너머로 2층 주거 공간의 분위기가 엿보인다.

미닫이문 두 장의 레일은 보이지 않게 속으로 들어가 있다.

바리스타 공간의 유연한 천장 마감과 내벽에서 설계자의 섬세함을 느낄 수 있다.

테이블 상판 모서리의 디테일.

바리스타들과 이야기를 나누고 있으면 생업과 거주를 일체화시킨 카페에 대한 동경을 가진 사람이 많다. 이 카페는 그중에서도 수작이다. 오너는 자택 일부를 로스팅 할 수 있는 카페로 만들 수 있는 단독주택을 구했다고 한다. 1층 거리로 이어지는 전면 부지 안쪽 다용도실에는 현재 좌석이 있지만, 훗날 자녀방으로 사용할 수도 있다고 한다. 라이프 스타일의 변화에도 대응할 수 있는 완충 공간이 남겨져 있다는 점도 주목해야 할 포인트이다.

33 카페 얼굴을 한 치과

Third Wave Kiosk (오스트레일리아 · 토키)
—Tony Hobba Pry Ltd

카페를 겸한 치과이다. 대로변에 위치한 거대한 세 장의 유리 미닫이를 열면, 중후한 몸체의 콘크리트 카운터가 눈앞에 나타나고, 카페의 얼굴을 내비친다. 카페와 병원이 서로 등을 지고 영업을 하고 있고, 건물 내부와 외부에서 모두 주문을 받는다. 환자뿐만 아니라 모든 손님을 받는 새로운 커뮤니티의 장이 탄생했다.

1

오사카 · 기시와다시의 주택가에 있다. 거리를 따라 카운터와 벤치가 놓여있어서 카페임을 알려주는 한편, 치과의 입구는 가장 구석진 곳에 있다. 위에 조심스럽게 걸린 치과의 사인이 있는데, 언뜻 보면 치과라고 눈치채지 못할 파사드이다.

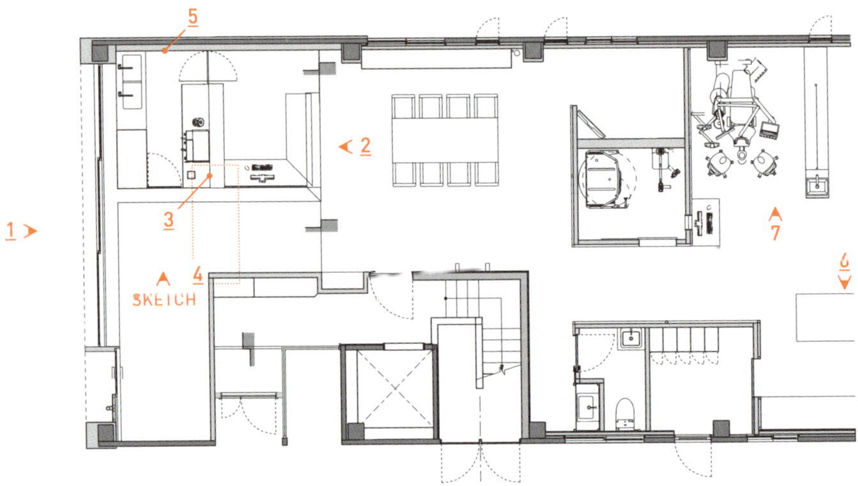

2 콘크리트로 만든 치과의 접수 카운터는 카페 카운터와 연결되어 있다.

3 카페와 병원 접수 공간은 스틸 선반으로 서로 등을 지어 구분한다.

4 공간 전체가 그레이로 통일되었고, 본래 하얗던 치과의 이미지와는 동떨어진다.

5 미니멀하게 달려있는 벽면 조명.

6 치과 공간은 회색 조의 콘크리트에 목제 요소를 추가했다.

7 진료에 사용되는 독일제 의료기기. 오너의 디자인을 사랑하는 마음이 이곳에서도 나타난다.

대대로 이곳에서 치과를 이어가는 현재 오너가 생각한 것은, 치과와 거의 연관이 없는 카페를 치과의 얼굴로 도입하겠다는 참신한 아이디어였다. 그 아이디어를 실현하는 미니멀한 디자인 콘셉트에 맞춰, 내장 설계뿐만 아니라 가구, 프로덕트, 아트, 치과 위생기기까지 코디네이트 되었다. 이처럼 다른 업종을 조합한 카페가 탄생해서 거리를 활기차게 만들기를 기대한다.

column2 누구를 위한 공간인가?

1부에서는 제가 설계에 있어 '개방' 을 항상 염두에 두고 있다는 사실과 '시기의 설계' 에 대해서 썼는데, 그곳에는 사람의 존재가 필수적이라는 것을 덧붙이고 싶습니다. 그것은 1. 사람이 만드는 파사드에서 두드러지게 나타나는 것처럼 단지 카페 안의 모습이 보이는 것뿐만 아니라, 그곳에서 사람들이 시간을 보내는 방법이나 어떤 사람이 있는지 등이 거리에 자연스럽게 드러남으로써 거리를 걷는 사람들의 흥미를 끌고, 거리에 새로운 성격을 만들기 때문입니다.

또 '시기의 설계' 와 동시에 그 공간 자체가 '누구를 위한 공간인가?' 라는 것을 설계 초기 단계부터 생각하고 있습니다. 즉, '공간의 주역' 을 정하는 것입니다. 우선 공간의 장점을 가장 많이 느낄 수 있는 주역이 누구인지를 정하고, 그 사람의 체험을 공유할 수 있도록 플랜을 생각합니다.

사실 이 플랜에는 이미 정해진 답이 한 가지 있습니다. '가장 오래 있는 사람을 위한 공간을 만든다.' 바로 바리스타입니다. 그들에게 가장 안락한 장소인 동시에 그들 자신이 카페의 얼굴, 즉 주역이 되는 설계를 합니다.

물론 다양한 손님이 올 것이라고 예상하는 카페에서 부정 요소가 많은 손님보다는 공간 사용방법을 더 컨트롤하기 쉽다는 점도 있지만, 일하는 사람이 마음에 들고 기분 좋다고 느끼는 공간은 분명 손님의 마음에도 들고, 기분 좋은 공간이라고 믿고 있기 때문이기도 합니다.

교마치가(京町家)를 개조한 일본주(酒)와 맥주가 있는 'BEFORE9' 역시 그런 설계 중 하나입니다.

교토 중앙을 관통하는 큰길과 동서로 뻗은 큰길이 교차하는 가라스마오이케. 그 부근에 건물 3채가 나란히 서 있는 교마치가의 집 중, 정중앙에 있는 한 채를 수리했습니다. 오랜 세월 토지 정리 때문에 집 앞부분만 남겨졌는지, 안길이가 없이 작은 교마치가는 빌딩이 늘어선 화려한 거리 속에서 시대에 뒤처진 것처럼 우드커니 남아있었습니다.

이 프로젝트는 지금은 없는 일본주인 구라모토(藏元) 의 6대째인 오너가 다시 술 제조를 시작하기 위한 첫걸음으로, 또 사라져가는 교마치가의 보전 활동을 하고자 굳은 결심을 하고 시작한 일입니다. 거리의 기억이 감도는 자리에서 일본의 수제 술을 많은 사람에게 부담없이 즐길 수 있는 가게로 만들기 위해서 설계를 시작했습니다.

이곳에서는 거리를 걷는 사람이 문득 멈춰서서 바라보다가 무심코 들어가 버리는, 거리의 연장 선상에 있는 듯한 장소 만들기를 목표로 했습니다. 교마치가의 외관은 그대로 남기면서, 거리 쪽 벽면에 대형 유리 미닫이문을 설치, 거리에서 가게의 안쪽까지 바라볼 수 있게 만들었습니다. 또, 바닥은 기존의 앞마당에 새롭게 모르타르를 깔아서 계단식으로 마감했습니다. 카페 안에서 시간을 보내는 사람이 더욱 활기차 보일 것을 예상하고 설계했습니다.

그리고, 열기가 가득 찬 내부에서도 스탭이 자유롭게 일하고, 그 모습이 카페의 얼굴이 될 수 있도록 입구 가까이에 시야를 넓힐 수 있는 장소인 스탠딩카운터를 배치했다. 벚꽃 나뭇가지를 자른 길이가 다른 팔각형의 맥주 탭으로 조금만 노는 마음을 만들어낸다고 생각합니다.

어느덧 준공 후 3년이 지났고, 일본인뿐만 아니라 외국인 관광객도 찾는 가게가 되었습니다. 주위가 어두워지면 가게 내부의 불빛과 술을 즐기는 다양한 사람들의 모습이 겹쳐지는 활기찬 모습이 거리에 자연스럽게 드러납니다. 지금은 거리의 등불과도 같은 장소가 되었습니다.

사람이 만드는 장소가 특징인 카페에 대한 글을 읽어보면, 설계자뿐만 아니라 오너의 강한 개입이나 생각이 느껴지며 그 세계관에 빠져드는 즐거움이 있습니다. 예비지식이 없어도 이러한 특별한 체험을 할 수 있는 공간을 만들어 갈 수 있도록 가까운 미래에 우리도 이런 장소를 운영할 필요가 있구나, 하고 생각합니다.

BEFORE9 (2016년 준공, 교토시), 개조전(좌), 현재(우) (사진제공: SAKAHACHI INC, KYOTO)

—— 3부 ——

Periods

시간과의 관계

최근 몇 년 사이에 리노베이션이나 컨버전(전환) 등, 기존 장소를 활용한 설계가 주류가 되었다. 최신 소재나 건물이 가지는 높은 성능과 쉬운 사용법은 가지지 못해도, 신축에서는 표현할 수 없는 지난 세월의 변화나 그 시대였기에 만들 수 있었던 것들, 그리고 지금에 와서는 실현이 어려운 공간 구성 등, 오래된 건물만의 매력을 인정하고 있는 추세이다.

한편, 사회적으로 '어떻게 만들었을까?' 라는 프로세스에 대한 주목도 높아졌다. 건축도 그렇지만, 카페 등의 음식점에 관해서도 지금까지 베일에 싸였던 프로세스를 보여주기 위한 공간이 늘고 있다.

3부에서는 그런 시간을 현재화한 디자인이 엿보이는 카페 6건을 아래 두 가지 시점에서 해석해보고자 한다.

1. 오래된 건물을 살린다

리노베이션이나 컨버전으로, 특히 기존 건물을 존중하는 모습이나 손을 더하는 것 자체가 디자인 요소로 작용하는 카페. 기존 부분의 흔적을 남겨 놓으려고 하는 의도가 느껴지는 건물.

2. 프로세스 디자인

공정이나 그 결과물을 강조하는 듯한 디자인이 보이는 카페.

34 큰 공간을 메우는 6개의 스킵 플로어

Higher Ground Melbourne (오스트레일리아 · 멜버른)
—DesignOffice

원래 발전소였던 천장 높이 **15m**, 벽돌 구조의 큰 공간을 카페 · 레스토랑으로 전환했다. 상부의 증축부를 떠받치기 위한 **5**개의 기둥이 내부를 관통하지만, 여유롭게 연결되는 **6**개의 스킵 플로어가 이것을 받아들이고 있다. 각각의 거처를 만들면서 부드럽게 비추는 큰 천장이 전체를 감싸 안아서 기분 좋은 일체감을 만들어내고 있다.

1

멜버른 · 서던크로스 역 근처에 있는 고층 빌딩이 늘어선 비즈니스 거리에 있는 카페 · 레스토랑. 기존 건물에 덮어씌운 듯한 고층 빌딩이 증축되고 있으므로 지붕이나 구조 전체가 철골로 보강되어있다.

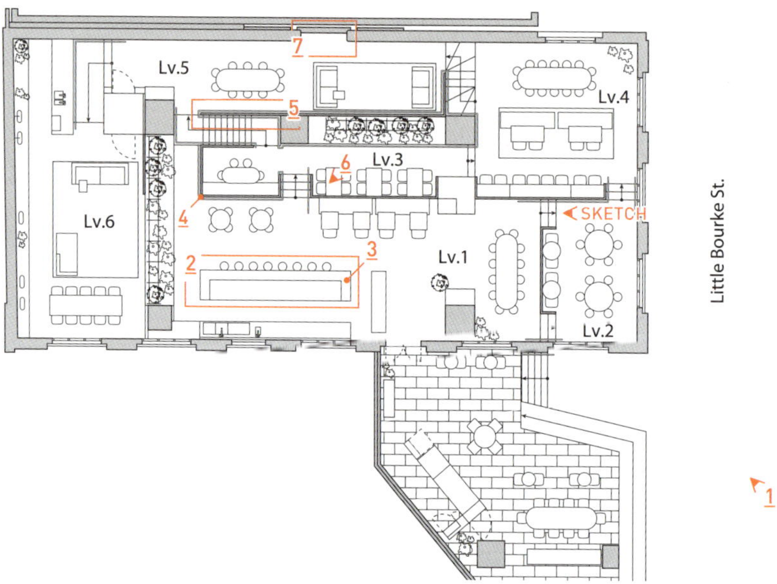

가장 낮은 층에 있는 커피 카운터 좌석 어디에서나 내부를 바라볼 수 있다.

모서리를 깎아낸 테라조와 바닥 줄눈을 시공한 스틸 철판의 디테일.

스틸(앞)과 테라조(뒤), 두 소재를 구별해서 만든 징두리 벽.

계단에서 이어지는 허리높이의 난간벽에 붙어있는 스테인리스 손잡이.

기존 건물 벽돌에 대비되는 악센트 내장재로 스틸이 많이 사용되었다.

기존 건물의 창문 자취를 살린 디스플레이 공간.

넓은 공간을 살린 서로 다른 바닥 레벨을 수반하는 대담한 조닝은 물론, 손에 닿는 다양한 소재와 디테일이 공존하는 점도 이 카페의 큰 특징이다. 설계자는 스틸과 테라조를 메인으로 식물이나 패브릭을 더하면서 플로어에 따라 서로 다른 아늑한 공간을 만들어냈다. 버라이어티 한 세월이 보이는 벽돌 건축이 지닌 힘에 이끌릴 수밖에 없는 디자인이 아닐까?

35 연출된 키친

Lune Croissanterie (오스트레일리아 · 멜버른)

창고를 전환한 이 카페의 중앙에는 철골조 크루아상 키친이 오브제처럼 배치되어 있다. 키친은 유리벽으로 되어 있어서 안에서 이루어지는 작업 공정이 사방 어디서나 보인다. 중앙에서 거미줄처럼 뻗어 나간 조명이 하얗게 빛나는 유리 케이스를 비추는 무대 장치가 되어 내부에 있는 사람들의 시선을 끌어당긴다.

멜버른 · 피츠로이에 있는 크루아상이 유명한 카페. 회색으로 칠해진 파사드에 창고의 자취인 셔터가 보인다. 이 셔터에서 1.8m셋백한 사인이 들어간 유리 파티션으로 내부를 들여다 볼 수 있다. 이 파티션의 좌우에 있는 문으로 내부로 들어갈 수 있다.

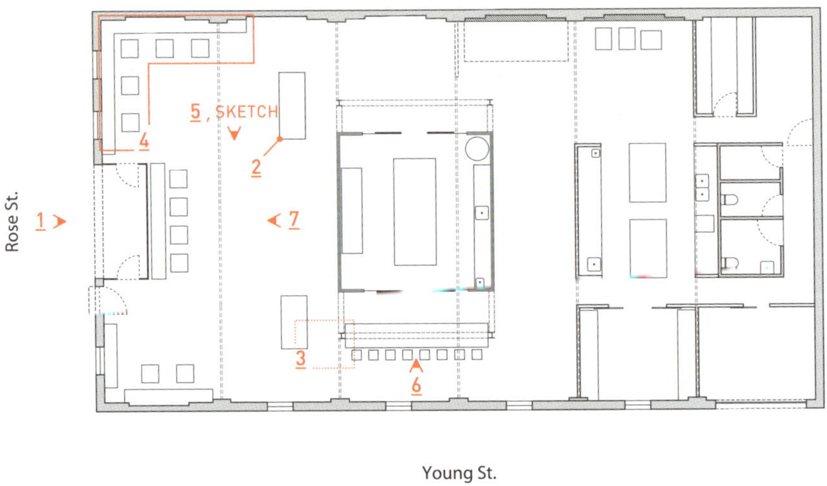

현장에 배치된 콘크리트 오더 카운터와 상품을 드러내는 디스플레이.

키친의 철골 프레임과 골조에 부착된 조명기구.

벽에서 튀어나온 폭 420mm의 L자형 벤치와 높이 460mm의 모르타르 테이블.

넓은 공간 좌측에 콘크리트로 만들어진 주문 카운터, 우측에 입구의 유리 파티션이 보인다.

좌에서 중앙 키친을 바라본 모습. 방사형 조명이 파티시에를 비춘다.

카페 내부 중앙에서 입구를 바라본 모습. 정면에 좌석, 유리 파티션의 좌우에 철로 된 입구가 있다.

이 카페를 계획할 때, 설계자는 가능한 한 기존 골조에 손을 대지 않는 방법을 택했다고 볼 수 있다. 그 결과, 심벌릭하게 디자인된 키친은 마치 쇼케이스 같은 존재감을 발산하고 있다. 이 존재감을 더욱 돋보이게 하는 내부 구조나 가구는 심플한 소재와 형태로 만들어서 고정시켰고, 충분한 공간을 비워두고 좌우 대칭으로 배치했다.

36 일본식으로 배치한 큐브 모양 키오스크

OMOTESANDO KOFFEE (도쿄도 · 시부야구, 현재 존재하지 않음)
—14sd / Fourteen stones design

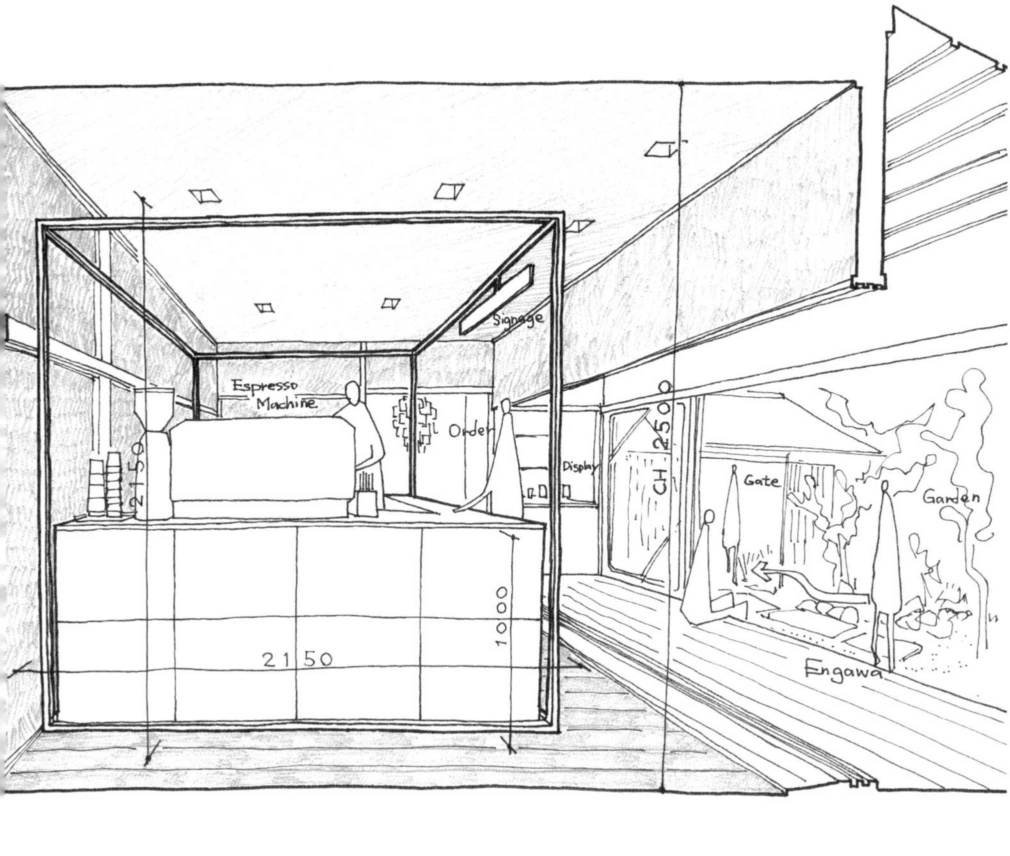

철거가 결정된 민가에 1년 기간 한정으로 다시 태어난 커피 키오스크. 스틸 프레임의 큐브 모양 바리스타 카운터가 마당에 접한 다다미만 철거한 방의 중심에 오브제처럼 배치되어 있다. 조용히 진행되는 그 모습이 마치 현대적인 다실과도 같다.

1

오모테산도 교차로 가까이에 있는 목조 민가의 마당과 붙어있는 방 한 개를 이용했다. 좁은 문을 빠져나와 그 앞의 마당에서, 툇마루를 넘어 신발을 신은 채로 키오스크에 다가선다. 좌석은 없지만, 툇마루나 마당 벤치에 걸터앉아 커피를 마실 수 있다. 처음에 1년 예정이었던 철거 시기가 최종적으로는 5년으로 늘어났고, 그 시간 동안 영업을 한 뒤 건물의 철거와 함께 폐점했다.

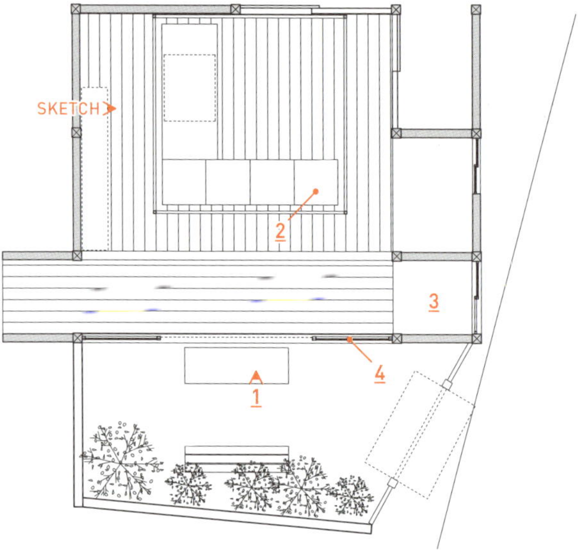

2 스틸 프레임과 밝은색 목제가 조화로운 카운터.

3 마당 쪽 맨 끝에 있는 기존 창문은 상품 디스플레이 공간으로 사용하고 있다.

4 유리 미닫이문에 쓰인 실크스크린 사인.

철거가 정해져 있는 공간이기에 탄생할 수 있었던 대담하고 기억에 남는 카페. '마당이 있는 민가를 1년 동안 한정적으로 이용한다.' 라는 특수한 조건이 말해준다. 그러므로 키오스크마다 이동할 수 있게 만들었으며, 그 결과 이런 디자인이 탄생했다. 심플한 형태이기 때문에 자연스럽게 바리스타에게 눈길이 가는 구조이다. 참고로 이 방의 인방 위 길이는 6자 이하로, 고개를 숙이고 바리스타에게 다가가는 모습이 마치 커피의 신에게 인사를 하는 기분이다.

사진제공 : 賭好品研究所

37 온통 하얗게 물들다

walden woods kyoto (도쿄부 · 도쿄시)
— 시마무라 쇼이치로

4각뿔 모양 지붕의 목조건물을 리노베이션 하여 새로운 커뮤니케이션을 낳는 카페로 만들었다. 정방형 플랜의 중앙에 기둥이 없다는 공간적 특징을 살리고, 4면 벽에 붙도록 계단 모양의 좌석을 설치했다. 새로운 것과 오래된 것, 모두 내장이 하얗게 칠해진 아무것도 없는 중앙에 그저 나무 한 그루가 서 있는 공간은 마치 메디테이션을 하는 듯한 분위기가 감돈다.

교토 · 섭성원에서 조금 북쪽에 있는 공원 앞에 있는 카페. 다이쇼 시대의 건물을 리노베이션 한 외관은 잔잔한 미채무늬를 입힌 흰색 도장으로 마감되었다. 입구의 미닫이는 좌우 벽에 넣을 수 있어서 날씨가 좋은 날은 전면도로와 완전히 이어진다.

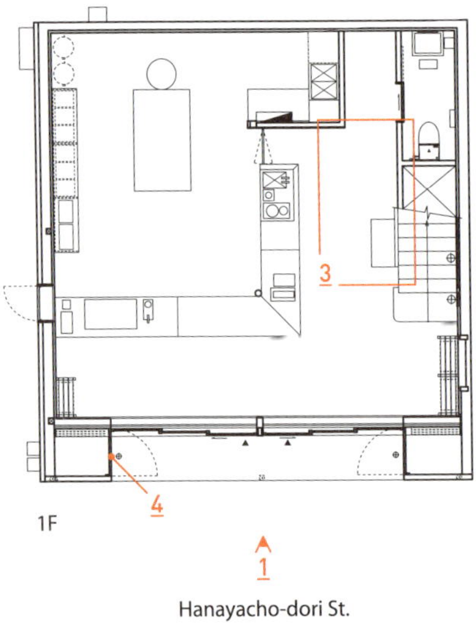

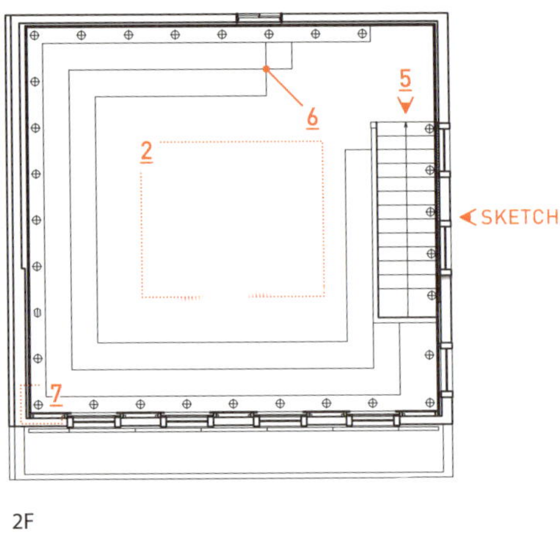

2층은 오두막의 골조가 노출되어 있고, 흰색으로 칠해져 있다.

실내는 내벽 · 외벽 · 집기까지 OSB 합판에 흰색 도장으로 마감되었다.

입구의 미닫이는 처마 수납장에 넣어둘 수 있다.

2층에서 계단을 내려다본 모습. 2단마다 바닥에 놓인 랜턴 조명이 동선을 밝힌다.

좌석 벤치에 OSB 합판을 조합한 코너 디테일.

2층 사방에 설치된 제작 스피커가 좌석에 플랫한 음향 공간을 만들어낸다.

오너가 사상가 헨리 소로의 『월든 숲의 생활』에 나올만한 숲 만들기를 목적으로 스스로 설계했다. 새하얗게 칠해진 개성적인 공간에서 계단식 좌석에 앉은 손님들은 소곤소곤 대화를 즐기고 있다. 메디테이션 공간처럼 보이지만, 역시 이곳은 카페이다. 혼자라도, 여럿이라도, 이 하얀 공간을 공유하며 손님들에게 왠지 참여하는 듯한 일체감을 주는 느낌이다.

38 몸짓이 아름다워 보이는 마감과 소재

artless craft tea & coffee / artless appointment gallery (도쿄부 · 메구로시)
—Shun Kawakami & artless

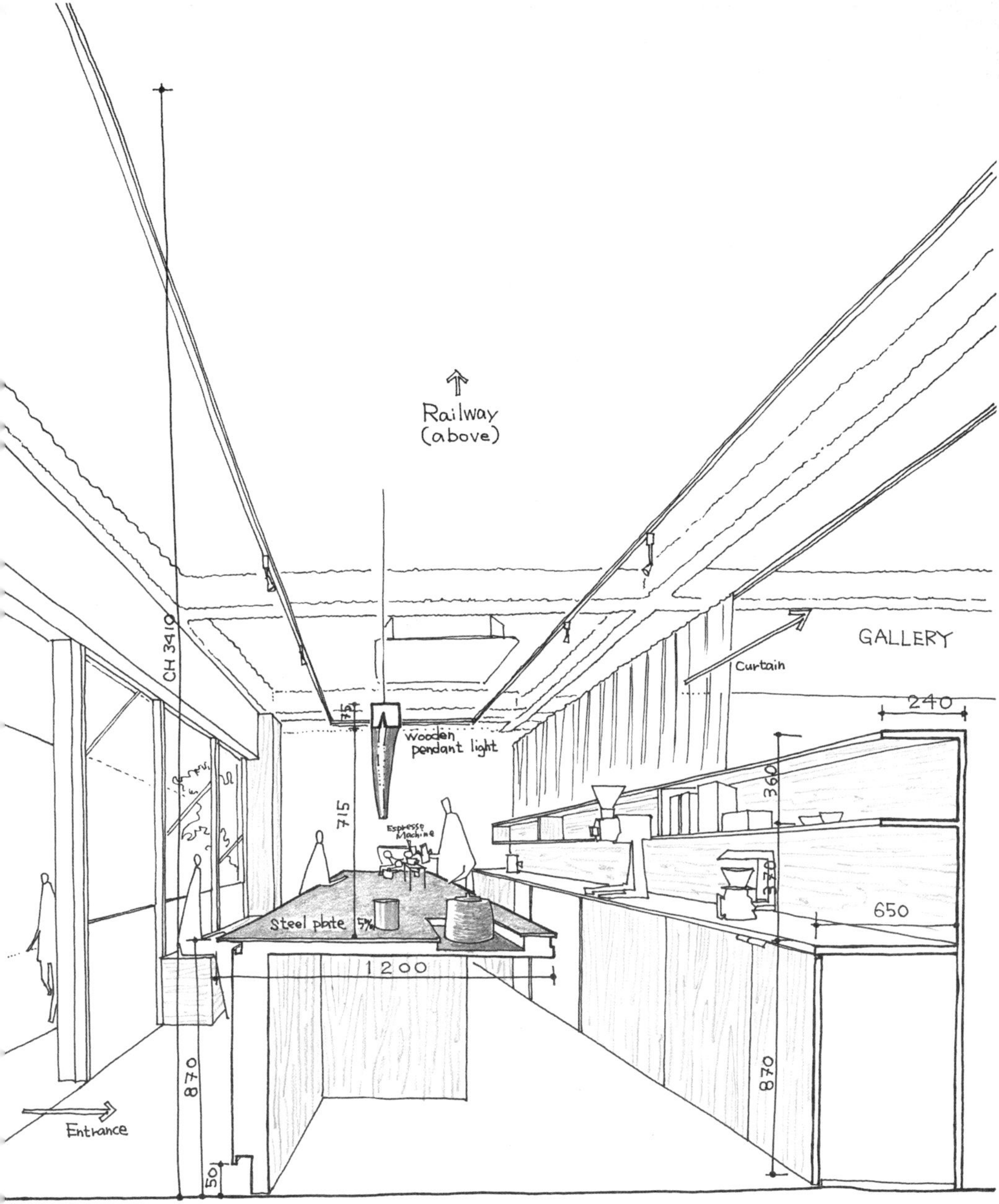

예약제 갤러리의 리셉션 기능도 하는 카페. 카페 내부의 대부분이 칠을 하지 않은 구조용 합판으로 마감된 공간에서 중앙에 있는 **5m ⨯ 1.2m**의 카운터에 사용된 검은색 가죽 스틸판이 돋보인다. 커피 툴도 포함해서 모두 다크톤으로 정돈된 내부 비품보다 바리스타의 몸짓에 의식이 집중되게끔 설계되었다.

나카메구로역 주변의 고가 밑 공간을 약 700m에 걸쳐서 일직선상으로 개발한 상업시설 '나카메구로 고가 밑'. 그 유텐사(祐天寺) 방면의 가장 구석에 있는 카페이다. 회색으로 마감된 파사드에 흰색으로 달려 있는 카페 사인은 마치 떠 있는 듯 보인다.

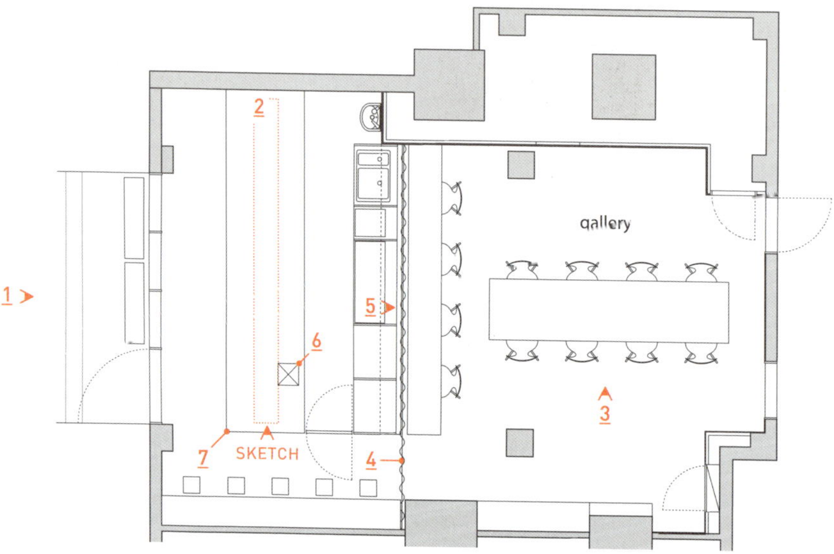

2 길이방향으로 갈라놓은 목제를 이용해서 LED를 집어넣은 펜던트 조명이 카운터를 밝힌다.

3 안쪽 갤러리도 카페처럼 칠을 하지 않은 구조용 합판으로 마감되었다.

4 검은색 커튼이 카페와 갤러리 공간을 나누는 칸막이 역할을 한다.

5 구조용 합판 선반 너머로 갤러리의 상부가 보인다.

6 외부 빛이 비치는 두께 5mm의 검은색 가죽 스틸로 만든 카운터 표면에 낸 구멍에 놓인 난로.

7 카운터 상판과 기초 사이에 숨겨진 간접조명이 마감의 차이를 두드러지게 한다.

오너는 아티스트로도 활동하는 크리에이티브 에이전시의 대표이다. 이 카페의 콘셉트 개발부터 로케이션 헌팅, 설계, 운영까지 직접 하고 있으며, 카페를 예술 작품으로 파악하고 있다고 느껴진다. 황량한 고가의 이미지에 호응하면서도, 공간 전체에 사용된 구조용 합판의 기초에 대비되는 카운터의 검은색 가죽 스틸판이 존재감을 발한다. 이 기초와 마감의 대비가 이 카페의 매력이다.

39 체험 디자인

Dandelion Chocolate, Factory & Cafe Kuramae (도쿄부 · 다이토구)
—Puddle + moyadesign

준공 60년의 2층 창고를 전환한 초콜릿 팩토리 & 카페. 카카오콩의 선별에서부터 상품에 이르기까지의 과정을 가까이에서 볼 수 있도록 1층의 공장과 좌석 바닥을 통일하고, 가구로 경계를 나누었다. 2층에는 공장을 들여다볼 수 있는 훤히 트인 유리 테이블을 설치, 내부 전체에서 공장에 있는 체험을 제공한다.

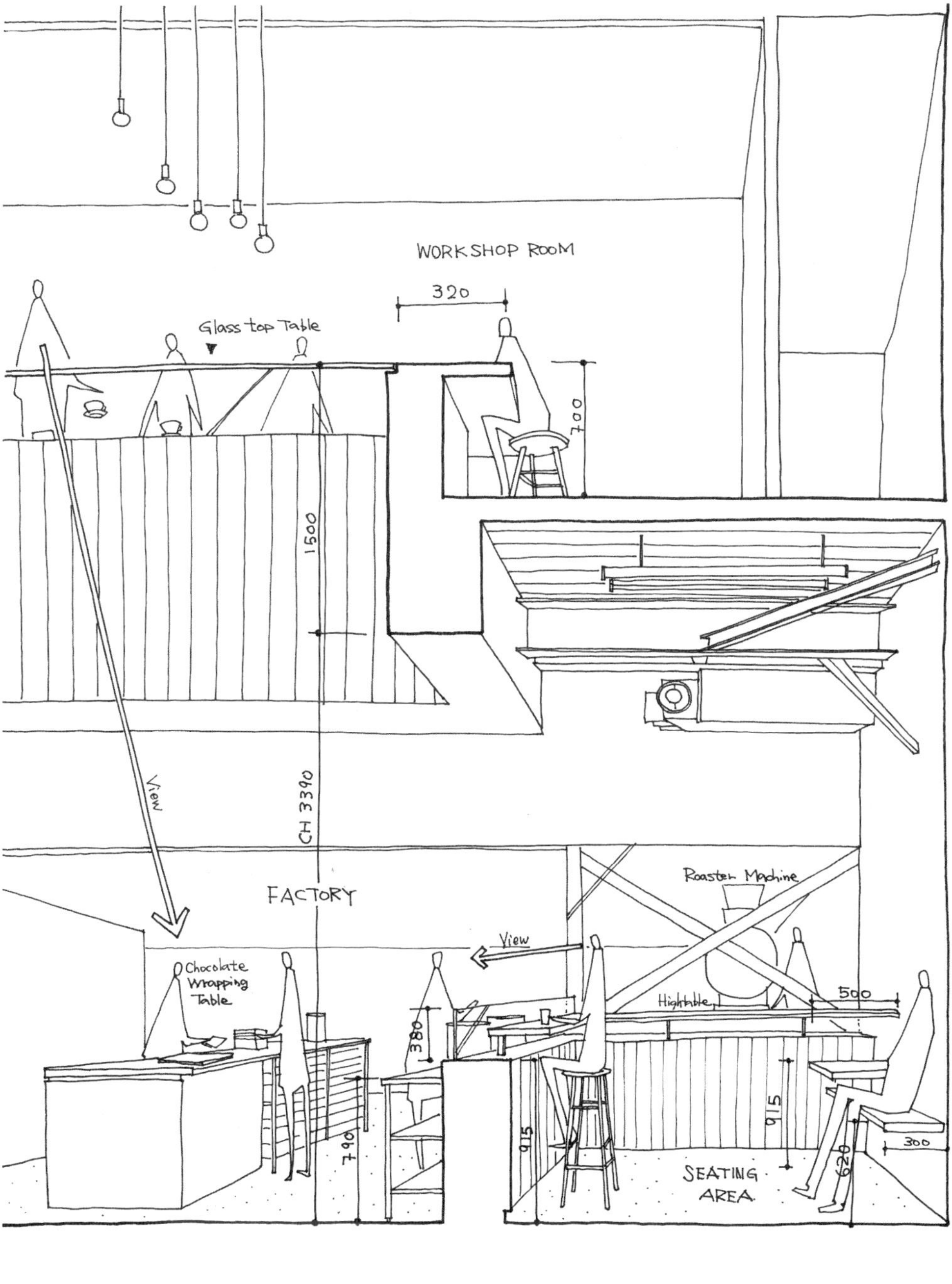

옛날부터 창고나 공장이 많은 다이토구 라마에에 있는 공원에 접한 위치에 있다. 초콜릿의 원료로 가장 중요한 카카오 콩의 저장 창고에 유리문을 설치해서 카페의 얼굴로 거리 쪽에 배치했다. 중앙 입구 상단의 구리판 차양은 인근 건물 1층 높이에 맞춰 거리에 질서 정연한 파사드가 되었다.

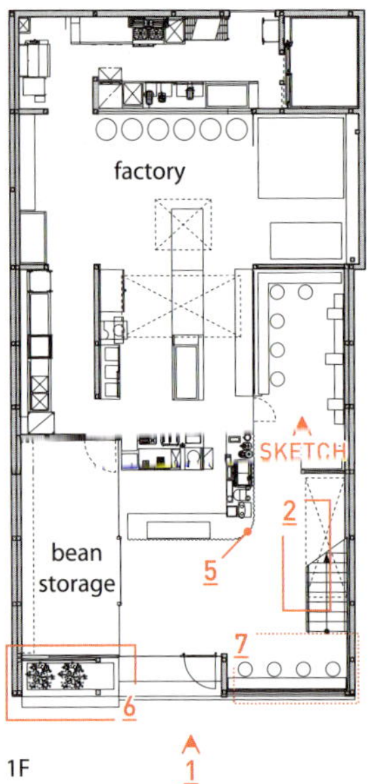

1F

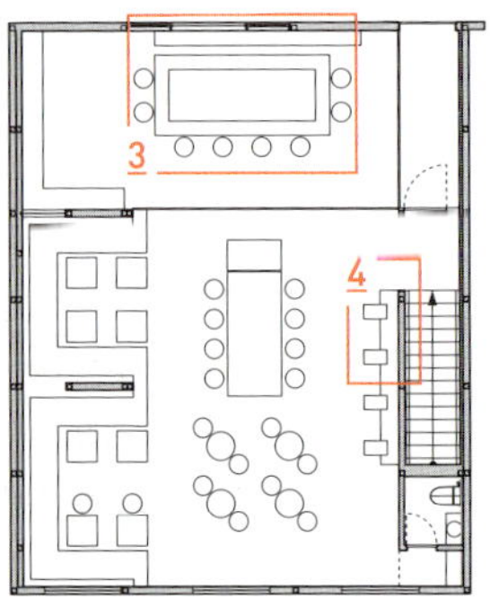

2F

2 기존의 철골 계단을 이용한 상품 선반. 녹 방지 마감의 빨간색과 레드시다(적삼목)가 조명에 비쳐서 선명하게 보인다.

3 2층 워크숍 공간의 테이블. 유리판은 공장을 생생하게 내려다볼 수 있는 창이기도 하다.

4 2층 계단 옆 벤치는 기존에 있던 기둥을 이용했다. 낙하 방지 난간으로써의 기능도 가지고 있다.

5 바리스타 카운터는 레드시다와 구리판으로 마감되었고, 코너 부분만 모르타르로 처리했다.

6 카카오 콩 보존 공간의 외벽을 셋백해서 식물이 자라는 벤치에서 거리와 이어지게끔 했다.

7 구조보강 트러스 너머로 밖을 바라본 모습. 구리판 차양이 공원의 풍경을 카페 내부로 거두어들인다.

필자 설계. 카카오 콩에서 초콜릿 바가 될 때까지 지속적으로 생산하는 'Bean to Bar'를 내건 브랜드의 프래그 십 스토어. 민들레 초콜릿 제조공정을 모든 손님에게 보여주고, 그 과정과 테이스팅에 대해 배울 수 있는 워크숍도 열리는 카페를 설계했다. 카카오 본래의 맛을 살리는 초콜릿 만들기처럼 기존 건축의 아름다움을 재발견하고, 재이용하고, 장인의 손길로 마무리를 하는, 이곳에 밖에 없는 공간 체험을 만들어냈다.

column3 시간을 시각화하다

'시기의 설계', '공간의 주역' 이외에도 유념하고 있는 것이 바로 '세월의 변화' 입니다. 건축이라는 것은 10년이고 20년이고 사람이 사용하는 동안 벽지가 바뀐다든지, 방의 배치를 바꾼다든지, 준공 후에 다양하게 변화할 가능성이 있습니다. 이런 변화를 편견 없이 받아들이고, 오히려 축적된 시간을 느끼고, 즐길 수 있는 건축이나 공간을 만들고 싶어서 주된 소재를 선택할 때는 변화의 과정을 상상하려고 합니다.

이런 '시간의 시각화'를 생각하는 중에 목조건축 리노베이션에 강한 관심을 둔 시기가 있었습니다(물론 지금도 그렇습니다). 나무라는 소재는 절과 신사 등이 그렇듯이 시간을 거듭하면서 감촉이나 느낌이 더해지는 소재입니다. 반면, 가공이나 변화가 쉽고, 기둥이나 대들보로 구성된 목조건축은 증축 · 감축을 포함한 개조, 그리고 이축도 쉽습니다. 목조건축의 리노베이션은 모든 시대의 흔적을 현재에 받아들이기 쉽고, '시간의 시각화'에 도전하기에는 안성맞춤입니다.

2. **과정의 디자인**에서 소개한 'Dandelion Chocolate, Factory & Cafe Kuramae (2016년 준공)' 도 그 도전 중 하나였습니다. 건물의 수인과 함께 브랜드 콘셉트에 맞는 부지의 선정 작업에서부터 참여한 프로젝트로, 목표한 오픈 일까지 정말 시간이 부족했던 때에 지금의 구라마에 부지와 만나게 되었습니다. 부지에 세워진 준공 50년의 쇠퇴한 목조 창고 건물은 도면이 없었고, 손이 많이 간다는 사실은 명백했지만, 당시 외국인을 위한 숙박지로 새롭게 부상한 지역에서 지역의 역사를 풍기는 창고라는 건물이 'Bean to Bar'를 구현하는 최첨단의 공간으로 변화할 수 있다는 사실에 큰 가치를 느끼고, 이곳을 설계하기로 했습니다.

이곳에서는 우선 초콜릿 제조공정을 바라볼 수 있는 넓은 공간을 정했습니다. 시야에 방해가 되는 기둥을 신중히 솎아내고, 이 공간에 발을 디딘 순간, 눈앞에 그 광경이 펼쳐지는 듯한 평면 계획을 짰습니다. 마감에는 기존 소재를 남기면서 그것들을 닦고, 벗기는 등, 수작업을 더 하며 시간의 축적과 갱신, 이 두 가지가 통합되는 표현을 시도했습니다. 초콜릿이 만들어지기까지의 시간, 건축이 거듭해온 시간, 거기에 거리에서 지낸 시간이라는 세 가지 시간 축이 서로 얽힌 공간이 탄생했습니다.

이와 같은 시기에 진행했던 '기노사키 레지던스(2016년 준공)' 또한 잊을 수 없는 프로젝트였습니다. 시가 나오야의 『기노사키에서』로 유명한 온천지역, 기노사키에서 친구 부부가 구입한 원래 9)검반(檢番)으로 사용된 3층

기노사키 레지던스 (2016년 준공, 효고현 도요오카시)

목조건물을 주택으로 전환한 프로젝트였습니다.

'검반' 이란 게이샤의 종합 사무소 같은 시설로, 연습하는 공간과 대기하는 공간도 겸하고 있습니다. 따라서 3층에는 기둥이 없는 30조의 넓은 다다미방이 있었습니다. 그 오래된 천장을 철거하는 작업에 들어갔을 무렵의 일입니다.

천장 판을 제거하자 양면이 판자로 보강된 7개의 대들보가 모습을 드러냈습니다. 그 우람한 모습과 옛날의 흔적, 그리고 비스듬한 방향으로 보강된 판의 아름답고 야무진 모습에 건물의 주인과 함께 크게 흥분하면서 '이 대들보를 살린 공간을 만들자!' 라고 생각했습니다.

요리를 좋아해서 집에 사람을 초대하는 것을 좋아하는 건물 주인을 위해서 이 넓은 공간은 사람이 모일 수 있는 개방적인 공간으로 만들려고 했고, 원래 로프트 같은 공간이었던 다락방의 바닥을 철거하고, 3층은 키친을 중심으로 한 길이 4m의 높은 천장을 가진 리빙 · 다이닝룸으로 만들었습니다. 50년간 조용히 게이샤들의 활약을 누구에게도 보여주지 않고 다락방에서 지켜봐 온 대들보가 그 모습을 나타냈으니 앞으로 50년보다 더 긴 시간 동안 그 건물에 사는 사람들의 행동을 지켜보겠지요.

그리고 준공 후 3년이 지난 지금, 1층 현관 부분을 팝업 공간으로도 사용할 수 있도록 개조했고, 카페를 오픈했습니다. 사실 설계 당시부터 "언젠가 이곳에서 무언가를 하자." 라고 말하면서 건물의 골조 그대로 기회가 오기를 기다렸습니다. 건물 주인의 폭넓은 교우관계로 앞으로도 다양한 실험을 할 수 있는 가게가 탄생하길 기대하고 있습니다.

오래된 건물이 다시 태어나고, 준공 후 사용자에 의해 더욱 손에 익고, 다시 고치는 일을 반복하면서 그 매력은 점점 늘어납니다. 이러한 단순한 부동산 가치 기준으로는 가늠할 수 없는 매력적인 공간이 늘어나는 밝은 미래를 기대합니다.

현관에 오픈한 팝업 공간

9) 기생의 주선이나 화대의 계산, 그 밖에 감독을 하는 사무소.

후기── 공간의 기억

1996년, 쿠마 켄고씨 덕분에 시작한 나의 설계 경력. 당시 아오야마 1초메 혼다 본사 빌딩 뒤쪽에 있던 작은 2층짜리 쇼와 시절 목조건물에 쿠마씨와 15명 정도 되는 스태프가 일하는 사무소는 매우 인상적이었습니다. 한 선배가 욕조를 제거한 욕실을 일하는 공간으로 개조해서 쿠마씨의 책상도 그 안에 넣어놓았던 기억이 납니다. 그 후, 그 목조건물은 해체되어 사무소는 근처 빌딩으로 이전했지만, 〈장소〉의 기억은 지금도 강하게 남아있습니다.

당시 양팔을 벌린 길이 정도의 작은 공간에 흥미가 있던 저는 가구를 다루는 브랜드 IDÉE와 만났습니다.

오모테산도 역에서 조금 떨어진 4층 건물에 있는 플래그 숍인 IDÉE SHOP은 색다른 빛을 발하며, 단순한 가구를 파는 쇼룸이 아니라 헌책방, 꽃집, 갤러리 등, 생활 요소가 혼재한 공간이었습니다.

그 중심에 카페 CAFFÉ @ IDÉE가 있었습니다.

휴식을 취하는 쇼핑객, 점심을 즐기는 근처 회사원 등, 다양한 사람으로 활기찼던 공간의 중심에는 카페의 스태프가 있었습니다.

지금 생각하면 그 광경이야말로 공간은 그곳에 오래 있는 〈사람〉이 주역이라고 느끼게 되는 계기였습니다.

이런 만남으로 인해 1999년부터는 IDÉE에서 공간 디자이너로서 경력을 쌓게 되었습니다.

직장은 클라인 다이섬 아키텍처와 IDÉE의 디자이너가 원래 주유소였던 곳을 리노베이션 한 곳으로, 사회의 변화에 따라 여러 차례 개조를 반복했습니다.

그 안에서 저는 그때까지 쇼룸이었던 직장을 'IDÉE 서비스 스테이션' 이라는 카페로 전환하는 프로젝트를 담당하게 되었습니다. 그때까지 폴리카보네이트로 덮여있던 기존 건축을 드러내는 것으로 주유소의 〈시간〉의 기억을 상기시키고, 새로 태어난 카페와 시각적으로 융합하는 것을 목표로 했습니다. 그 결과, 스태프와 이웃 사이에 일상적으로 이용되는 카페가 탄생했습니다.

'시작하며' 에서 나에게 있어서 설계 활동은 '계속해서 해답을 찾는 끝이 없는 여행' 같은 것이라고 썼지만, 여행을 시작했을 무렵의 기억을 더듬어보면, 역시 원점에는 〈장소〉, 〈사람〉, 〈시간〉이라는 이 책에서 다룬 세 가지 테마가 있습니다.

앞으로도 설계 활동을 통해 배우고 실천을 반복하면서 이러한 주제에 대한 해답을 찾는 여행을 계속하고 싶습니다.

마지막으로, 나의 활동을 발견해주신 출판이라는 귀중한 기회를 주신 학예출판사의 후루노 사츠키씨, 멜버른에서 취재 전반을 이끌고 협력해주신 야마쿠라 레이시씨, 힘들었던 나를 지지해주고, 여러 가지 작업을 후원해주신 요시모토 아츠시씨와 히로세 아오이군, 그리고 협력해주신 모든 카페 관계자분들과 설계자, 그리고 손님에게 감사를 전하고 싶습니다.

그리고 모든 것에 있어서 항상 나를 격려해주고 믿고 따라와 준 파트너, 이츠카에게 이 책을 바칩니다.

2019년 9월 카토 마사키

게재 카페 정보

01 Third Waver Kiosk
소재지 Torquay Front Beach, Victoria, Australia
web thirdwavekiosk.comau/
설계자 Tony Hobba Pty Ltd
규 모 58m²
구 조 –
준공/개점 2015년

02 CAFE POMEGRANATE
소재지 Ji Subak Sok Wayah, Ubud 80571, Indonesia
web cafepomegranate.org/
설계자 나카무라 겐타로(中村健太郞)
규 모 185m²
구 조 혼합구조 (철근콘크리트조+목조)
준공/개점 2012년

03 BROOKLYN ROASTING COMPANY KITAHAMA
소재지 大阪府大阪市中央區北兵 2-1-16
web brooklynroasting.jp/
설계자 DRAWERS
규 모 60m²+테라스 37.7m²
FLOWER SHOP 19.96m²
구 조 철근콘크리트조
준공/개점 2013년

04 Skye Coffee co.
소재지 Calle Pamplona 88, 08018 Barcelona, Spain
web skye-coffee.com/
설계자 Skye Maunsell Studio
규 모 5.6m²
구 조 – (차량)
준공/개점 2014년

05 HONOR
소재지 54 Rue dL| faubourg St Honore,
75008 Paris, France
web honor-cafe.com/
설계자 Studio Dessuant Bone (Paris) & HONOR
규 모 14m²
구 조 목조
준공/개점 2015년

06 the AIRSTREAM GARDEN
소재지 東京都澁谷區神宮前 4-13-8
web airstream-garden.com/
설계자 티플러스트 水口泰基 (發案)
규 모 40m² (방수데크 포함)
구 조 – (차량)
준공/개점 2015년

07 fluctuat nec mergitur
소재지 18 place de la Republique, 75010 Paris,
France
web fluctuat-cafe.paris/
설계자 TVK & NP2F
규 모 170m²
구 조 철골조
준공/개점 2013년

08 Dandelion Chocolate, Kamakura
소재지 神奈川縣鎌倉市御成町 12-32
web dandelionchocolate.jp/
설계자 Puddle + moyadesign
규 모 118m²
구 조 목조
준공/개점 2017년

09 The Magazine Shop
소재지 Gate Village 8, Podium Level, DIFC, Dubai,
UAE
web –
설계자 Case Design
규 모 43.2m²
구 조 목조
준공/개점 2017년 (폐점)

10 Seesaw Coffee - Bund Finance Center
소재지 104, Building 2 BFC
NO. 558 Zhong Shandong Er Road,
Huangpu, Shanghai, China
web seesawcoffee.com/
설계자 Tom Yu Studio
규 모 43.2m²
구 조 – (테넌트)
준공/개점 2018년

11 Dandelion Chocolate - Ferry Building

소재지 One Ferry Building, San Francisco 94111, USA
web dandelionchocolate.com/
설계자 Puddle + moyadesign
규 모 19.3m²
구 조 – (테넌트)
준공/개점 2017년

12 Slater St. Bench

소재지 Suite 8, 431 St Kilda Rd, Melbourne, Victoria, 3004, Australia
web benchprojects.com.au/
설계자 Joshua Crasti and Frankie Tan of Bench Projects
규 모 59m²
구 조 – (테넌트)
준공/개점 2014년

13 스타벅스 커피 太宰府天滿宮表參道店

소재지 福岡縣太宰府市宰府 3-2-43
web www.starbucks.co.jp/
설계자 쿠마 겐코 建築都市設計事務所
규 모 177.52m²
구 조 목조
준공/개점 2011년

14 SATURDAYS NEW YORK CITY TOKYO

소재지 東京都目黑區青葉臺 I-5-2 代官山IV 빌딩 I층
web saturdaysnyc.co.jp/
설계자 제너럴 디자인 1級建築士事務所
규 모 147.3m²
구 조 철근콘크리트조
준공/개점 2012년

15 블루 보틀 커피 산겐자야 카페

소재지 東京都世田谷區軒茶屋 I-33-I8
web bluebottlecoffee.jp/cafes/sangenjaya/
설계자 스키마건축계획, 나가사카 조, 마츠시타 유이, 나가노 야스노리
규 모 99.52m²
구 조 철근콘크리트조
준공/개점 2017년

16 ONIBUS COFFEE Nakameguro

소재지 東京都 目黑區上目黑 2-14-1
web onibuscoffee.com/
설계자 鈴木一史
규 모 46.2m²
구 조 목조
준공/개점 2015년

17 GLITCH COFFEE BREWED @ 9h

소재지 東京都港區赤坂 4-3-14
web glitchcoffee.com/
설계자 히라타 아키히사 建築設計事務所
규 모 13.2m²
구 조 철골조
준공/개점 2018년

18 로쿠요우사 커피점

소재지 京都府京都市中京區河原町三條下ル 大黑町 40
web rokuyosha-coffee.com/
설계자 디자인 아트
규 모 38m² (지하)
구 조 목조
준공/개점 1950년

19 KOFFEE MAMEYA

소재지 東京都澁谷區神宮前 4-I5-3
web koffee-mameya.com/
설계자 I4sd / Fourteen stones design
규 모 42.9m²
구 조 목조
준공/개점 2017년

20 Elephant Grounds Star Street

소재지 8 Wing Fung Street, Wan Chai, Hong Kong, China
web elephantgrounds.com/
설계자 Kevin Poon collaboration with JJ Acuna
규 모 160m²
구 조 – (테넌트)
준공/개점 2016년

21 KB CAFESHOP by KB COFFEE ROASTERS

소재지 53 avenue Trudaine, 75009, Paris, France
web kbcafeshop.com/
설계자 KB Team
규 모 45m^2
구 조 – (테넌트)
준공/개점 2010년

22 HIGUMA Doughnuts X Coffee Wrights 오모테산도

소재지 東京都澁谷區神宮前 4-9-13 미나가와빌리지 #45
web Coffee Wrights ▶ coffee-wrights.jp/
HIGUMA Doughnuts ▶ higuma.co/
설계자 CHAB DESIGN
규 모 51.26m^2
구 조 목조
준공/개점 2018년

23 산토미 센터

소재지 京都府京都市中京區三條通富小路北東角 中之町 24-3 산토미 센터 1층
web santomi-center.jp/
설계자 cafe co.
규 모 24.63m^2
구 조 철근콘크리트조
준공/개점 2018년

24 Bonanza Coffee Heroes

소재지 Oderbergerstrasse 35 10435, Berlin, Germany
web bonanzacoffee.de/
설계자 Bonanza and Onno Donkers
규 모 70m^2
구 조 – (테넌트)
준공/개점 2006년

25 ACOFFEE

소재지 30 Sackville Street, Collingwood, Melbourne, Victoria, 3066, Australia
web acoffee.com.au/
설계자 Frankie Tan, Joshua Crasti, Nick Chen, Byoung-Woo Kang
규 모 200m^2
구 조 벽돌조+철골조
준공/개점 2017년

26 Patricia Coffee Brewers

소재지 493-495lt Bourke st Cnr Lt William Melbourne, Victoria, 3000, Australia
web patriciacoffee.com.au/
설계자 Foolscap Studio
규 모 38m^2
구 조 벽돌조
준공/개점 2011년

27 NO COFFEE

소재지 福岡縣福岡市中央區平尾 3-17-12
web nocoffee.net/
nocorporation.jp/
설계자 I4sd / Fourteen stones design
규 모 28.5m^2
구 조 철근콘크리트조
준공/개점 2015년

28 COFFEE SUPREME TOKYO

소재지 東京都澁谷區神山町 42-3 1층
web coffeesupreme.com/
설계자 SMILIES
규 모 27m^2 + 옥상 28.8m^2
구 조 철골조
준공/개점 2017년

29 ABOUT LIFE COFFEE BREWERS

소재지 東京都澁谷區道玄坂 1-19-8
web about-life.coffee/
설계자 鈴木一史
규 모 16.55m^2
구 조 철골조
준공/개점 2014년

30 MAMEBACO

소재지 京都府京都市上京區春日町435 아오키 빌딩 1층
web coffee.tabinone.net/mamebaco/
설계자 메이크 그리에이션
규 모 3.3m^2
구 조 철골조
준공/개점 2019년

카토 마사키(加藤 匡毅)
일급 건축사. 공학원 대학 건축학과 졸업. 쿠마 켄고 건축도시설계사무소, IDEE 등을 거쳐서 2012년 Puddle 설립. 현재, 같은 사무소 공동대표. 요코하마시 가나자와구에서 어린 시절을 보냈고, 역사적 건축물과 새로 개조된 도시 설계 쌍방에서 영향을 받았다. 지금까지 15개가 넘는 나라와 지역에서 건축 · 인테리어를 설계. 각 토지에서 탄생한 소재를 이용해서 사람의 손에 의해 만들어진 아름답게 변화하는 공간설계를 통해서 그 장소에서 시간을 보내는 사람의 마음을 기분 좋게 탐구하고 있다.

Puddle
2012년 설립. 도쿄를 거점으로 호텔, 오피스, 주택, 상업시설 등, 조명 · 가구 · 음향 · 기물 등 공간에 얽혀있는 모든 요소를 설계한다. 이미 존재했던 아름다움이나 가치에 관심을 두고, 장인 기술에 경의를 표하고, 독자적인 시점에서 새로운 체험을 만들어내는 것을 목표로 한다. 활동 단위는 국내에 한정되지 않고, 아시아, 중동, 유럽, 북아프리카, 북아메리카 각국에 퍼져있다. 주된 작품으로 'IWAI OMOTESANDO', 'Dandelion Chocilate' 등이 있다.

황 준(역자)
1966년 서울生으로 연세대학교를 졸업한 후, 공간연구소, 이로재, 타카마쓰 신 건축사무소(日本), 北京金禹盟建築設計有限公司(中國), 삼우설계 등에 근무했다. 2006년 황준도시건축사사무소를 설립하여 주거시설, 인테리어, 상업시설, 인테리어 등의 작업을 진행하고 있다. 주요작품으로는 성북동 주택, 가평주택, 대전 매그놀리아, 판교주택, 부산 S주택, 천안아산 삼성미즈병원, 일산 그레이스병원 신관, 평택 gn산부인과, 호매실 세인트마리여성병원, 진주J주택, 용인D주택, 산청C주택, 경주Y빌딩 등이 있다. 대한민국건축대전 대통령상, 경남 도지사 우수주택 표창, 경기도 건축상 등, 다수 수상.

카페의 공간학_ 세계의 디자인 엿보기
Site specific cafe design

2020년 1월 10일 1쇄 발행
2020년 8월 10일 2쇄 발행
2021년 11월 10일 3쇄 발행
카토 마사키 지음 | 황 준 옮김
펴낸이 김기현 | 펴낸곳 도서출판 시공문화사
등록 1993년 3월 12일
120-796 서울시 서대문구 독립문공원길 13 극동프라자 5층
TEL 02-3147-1212 · 2323 FAX 02-3147-2626
인쇄 예림인쇄 | 제본 아이앤북 | 용지 (주)대림지업사
ISBN 89-5592-426-8 93540

정가 12,000원